KB173026

암스트롱이 들려주는 달 이야기

암스트롱이 들려주는 달 이야기

초　판　1쇄 발행일 | 2005년 9월 30일
개정판　1쇄 발행일 | 2010년 9월 1일
개정판 12쇄 발행일 | 2021년 5월 28일

지은이 | 정완상
펴낸이 | 정은영
펴낸곳 | (주)자음과모음

출판등록 | 2001년 11월 28일 제2001-000259호
주　　소 | 04047 서울시 마포구 양화로6길 49
전　　화 | 편집부 (02)324-2347, 경영지원부 (02)325-6047
팩　　스 | 편집부 (02)324-2348, 경영지원부 (02)2648-1311
e-mail　| jamoteen@jamobook.com

ISBN 978-89-544-2053-2 (44400)

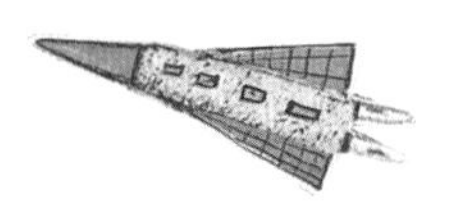

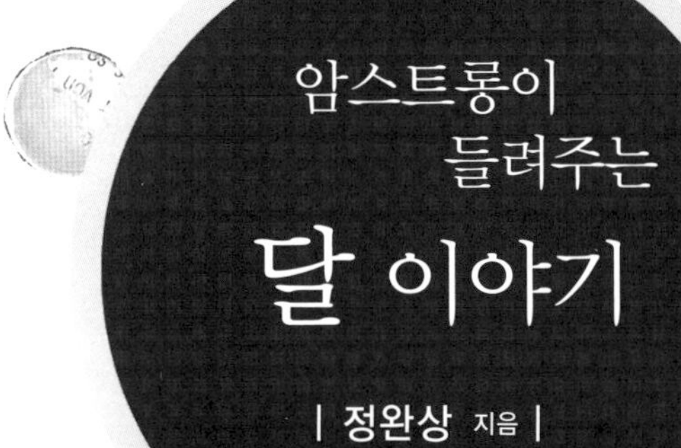

암스트롱이
들려주는

달 이야기

| 정완상 지음 |

(주)자음과모음

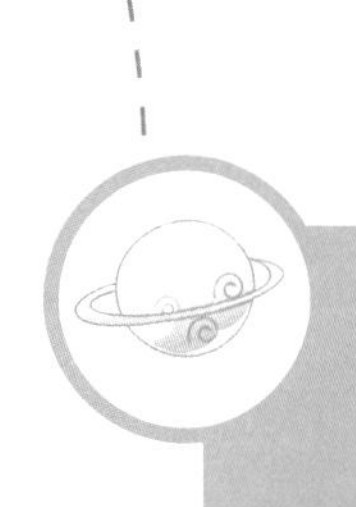

암스트롱을 꿈꾸는 청소년을 위한 '달' 이야기

암스트롱은 인류 최초로 달에 발을 내딛은 사람입니다. 암스트롱이 달을 밟기 전까지만 해도 많은 사람들은 달이 먼지투성이의 늪이라 제대로 걷지 못하고 빠지게 될 거라고 생각했지요. 하지만 암스트롱이 달에서 걷는 모습을 통해 그런 생각은 모두 사라졌습니다.

달은 지구에게는 없어서는 안 될 소중한 천체입니다. 이 책은 달의 모든 것에 대해 다루고 있습니다. 달과 지구의 비교, 달에 크레이터가 많이 생기는 이유, 달에 중력이 없어서 생기는 일들, 또 달에 산소가 없어서 벌어지는 일들을 재미있는 비유를 통해 설명하였습니다.

저는 한국과학기술원(KAIST)에서 이론 물리학으로 박사 학위를 받고 오랫동안 학생들을 가르친 경험을 바탕으로 쉽고 재미난 강의 형식을 도입했습니다. 즉, 위대한 과학자들이 교실에 학생들을 앉혀 놓고 일상 속 실험을 통해 그 원리를 하나하나 설명해 가는 식으로 이야기를 서술했습니다. 그리고 부록 〈알라딘 볼, 달의 공주를 구하라!〉를 통해 재미있는 만화 영화를 보듯 달에 대한 모든 내용을 복습할 수 있도록 하였습니다.

이 책의 원고를 교정해 주고, 부록 동화에 대해 함께 토론하며 좋은 책이 될 수 있게 도와준 강은설 양과 김지혜 양에게 고맙다는 말을 전하고 싶습니다. 마지막으로 이 책이 나올 수 있도록 물심양면으로 도와준 (주)자음과모음 강병철 사장님과 직원 여러분에게 감사를 드립니다.

정 완 상

차례

부록

첫 번째 수업

1

우주의 천체들

달은 지구 주위를 빙글빙글 돌고 있습니다.
달의 정의에 대해 알아봅시다.

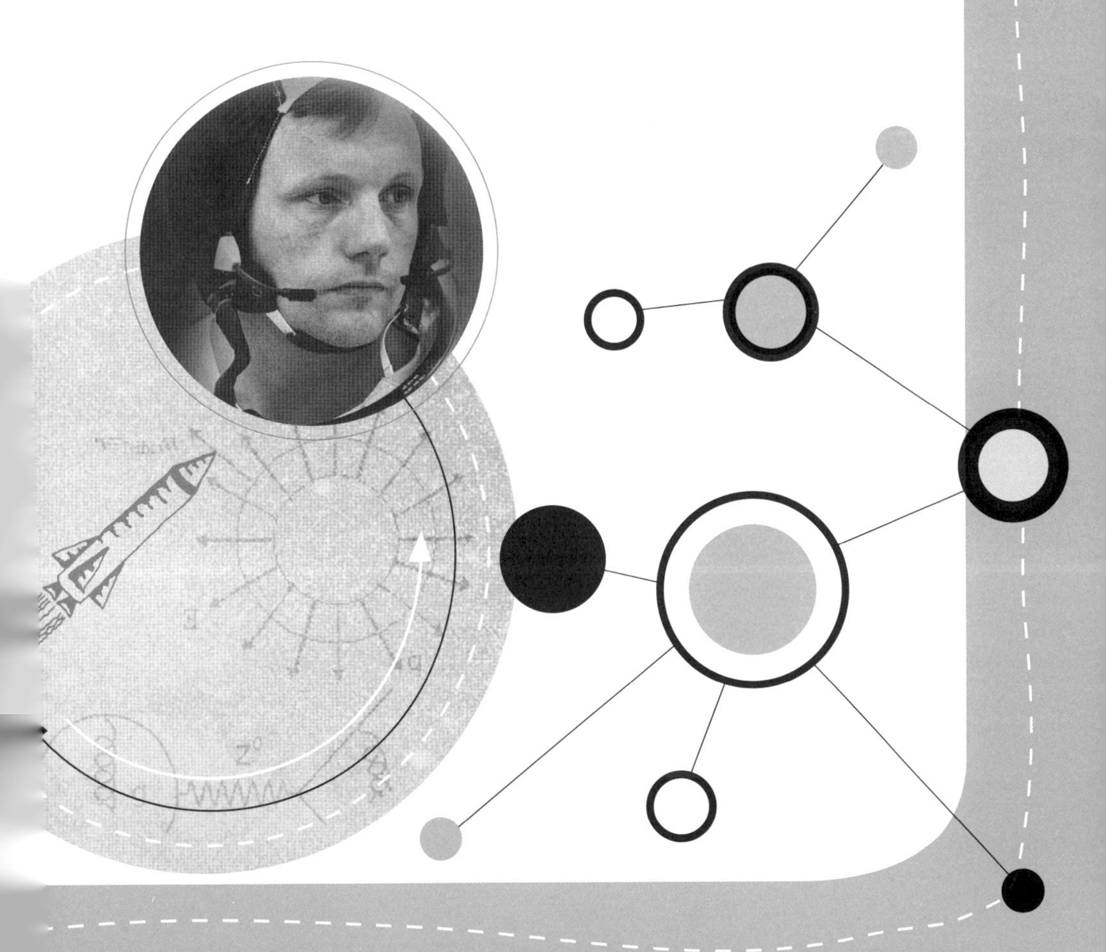

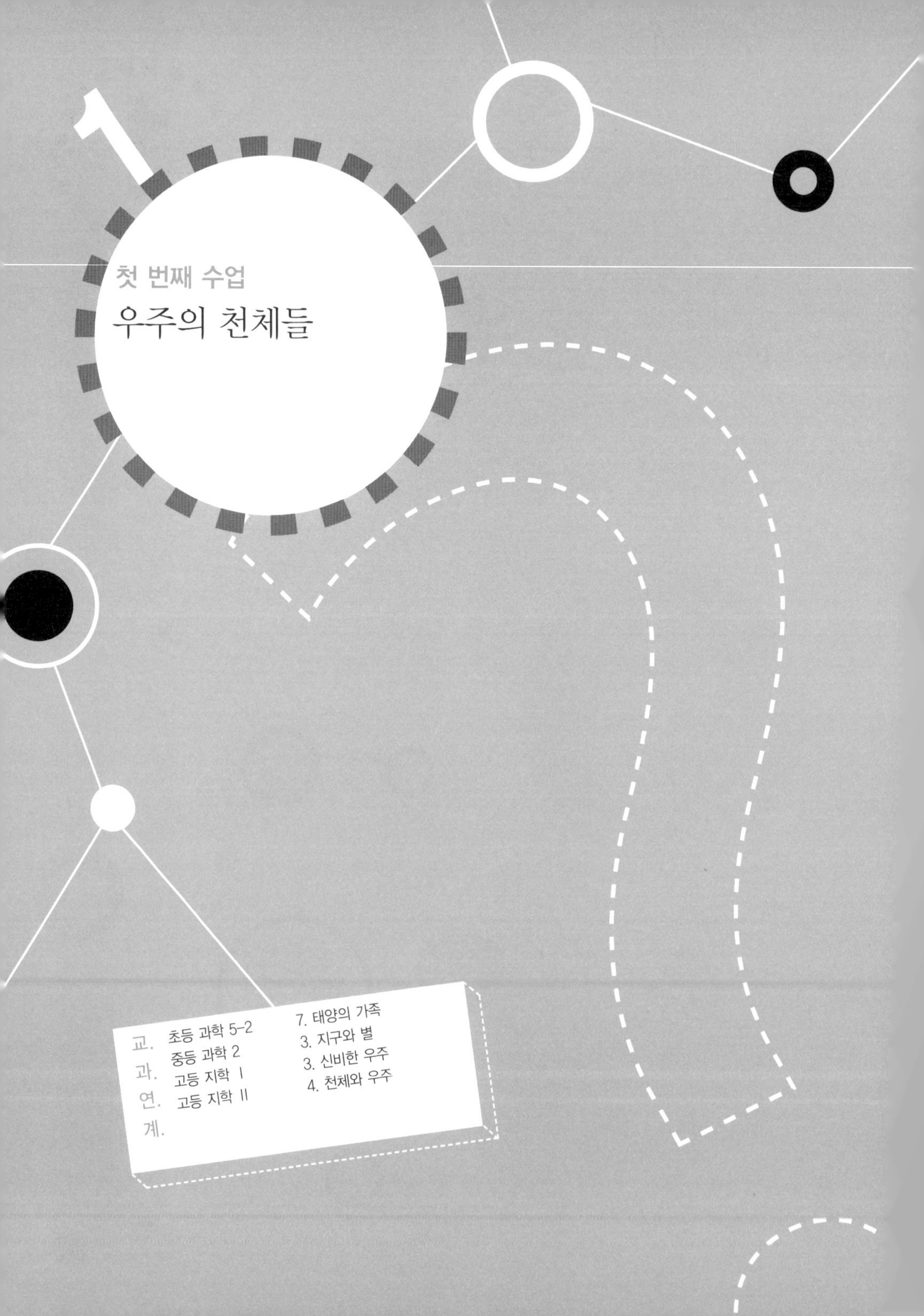

1

첫 번째 수업

우주의 천체들

교과연계		
	초등 과학 5-2	7. 태양의 가족
	중등 과학 2	3. 지구와 별
	고등 지학 Ⅰ	3. 신비한 우주
	고등 지학 Ⅱ	4. 천체와 우주

암스트롱이 신비로운 우주와 달에 대한 첫 번째 수업을 시작했다.

우주에는 많은 천체들이 있습니다. 그중에는 태양처럼 스스로 빛을 내는 천체들도 있고, 금성이나 달처럼 스스로 빛을 내지는 않지만 햇빛을 반사시켜 밝게 빛나는 천체들도 있습니다.

빛을 내지 않는 천체들은 태양이 떠 있는 낮에는 태양의 밝은 빛 때문에 보이지 않고, 태양이 지고 난 밤에나 새벽에 보이게 되지요.

우선 우주에는 천체들이 있는지 알아볼까요?

__ 네, 선생님. 재미있을 것 같아요.

우주의 주인공들

우주의 첫 번째 주인공은 항성입니다. 항성은 별이라고도 부르며 스스로 빛을 내지요.

두 번째 주인공은 항성의 주위를 빙글빙글 돌고 있는 행성입니다. 행성은 스스로 빛을 내지는 않지만 햇빛을 반사해 빛을 내지요.

지구, 화성, 금성과 같은 천체들은 태양이라는 항성 주위를 도는 행성입니다. 태양은 8개의 행성을 거느리고 있지요.

암스트롱이 태양 주위를 돌고 있는 8개의 행성은 수성, 금성, 지구, 화성, 목성, 토성, 천왕성, 해왕성이라고 말했다.

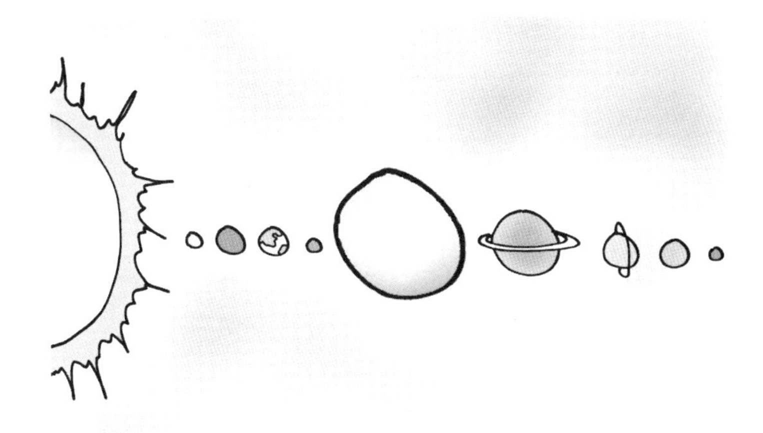

그러나 모든 항성들이 태양처럼 행성을 거느리고 있는 것은 아닙니다. 태양은 유별나게 많은 행성을 거느리고 있는 항성이지요. 그에 비해 어떤 항성은 자신의 주위를 도는 행성이 하나도 없답니다.

우주의 세 번째 주인공은 위성입니다. 위성은 행성 주위를 빙글빙글 돌지요. 위성을 다른 말로 달이라고 부르지요. 어떤 경우에는 지구의 위성만 달이라고 부르기도 하지만 사실 달과 위성은 완전히 같은 말입니다. 달도 스스로 빛을 내지

못하고 항성의 빛을 반사해 빛을 내지요.

태양계의 다른 행성들도 달을 가지고 있습니다. 즉, 지구, 화성, 목성, 토성, 천왕성, 해왕성은 태양계의 행성 중 달을 가진 행성이지요.

지금까지의 얘기를 종합해 보면 별이라고 부르는 항성은 스스로 빛을 내고, 행성과 위성은 항성의 빛을 반사해 빛을 냅니다. 이것들이 어떤 차이를 보이는지 알아보겠습니다.

암스트롱은 전구를 켰다. 주위가 환해졌다.

전구는 스스로 빛을 내지요? 이것이 바로 항성입니다.

암스트롱은 전구 주위에 하얀 배구공을 놓았다. 전구의 불빛에 반사되어 배구공이 하얗게 빛이 났다.

배구공은 전구의 빛을 반사시켜 빛을 내지요? 이런 것이 바로 행성이나 위성이지요.

암스트롱은 전구를 껐다. 배구공이 보이지 않았다.

배구공이 스스로 빛을 내지 않지요? 그러니까 우리가 밤하늘을 환하게 비춰 주는 달을 볼 수 있는 것은 바로 태양이 있기 때문이랍니다.

혜성

혜성은 아주 멋있는 천체입니다. 태양계의 다른 행성들은 자신의 궤도를 따라 태양 주위를 돌지만, 혜성은 태양계 밖에서 만들어져 다른 행성들의 궤도를 가로지르며 돌아다니는 우주의 무법자입니다.

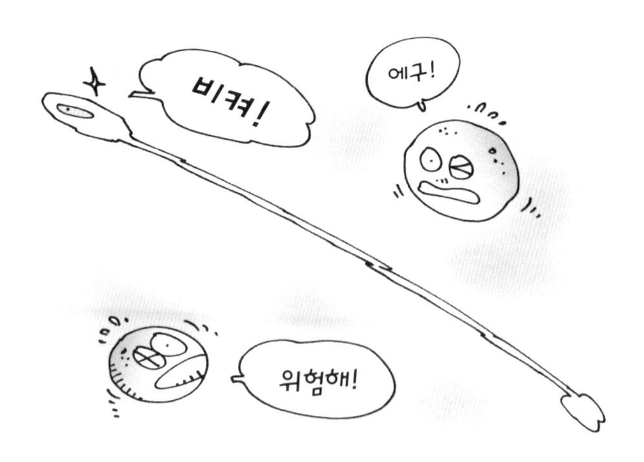

보통 혜성은 폭 5km 정도의 얼음 조각으로 태양에 가까워지면 불꽃을 내며 우주 쇼를 펼칩니다. 혜성의 궤도는 매번 달라지기 때문에 모든 행성들은 혜성과 부딪치지 않도록 조심해야 합니다.

인공위성

인공위성은 지구에서 쏘아 올린 가짜 달입니다. 하지만 달처럼 지구 주위를 돌면서 지구에 필요한 정보를 주는 일을 하고 있습니다. 지구에는 수천 개의 인공위성이 떠 있는데, 이들은 우주 정거장, 통신 위성, 기상 위성 등으로 사용되고 고장이 난 것은 우주 쓰레기가 되어 지구를 빙글빙글 돌기도 합니다.

만화로 본문 읽기

여러분, 암스트롱 선생님을 소개합니다. 선생님은 최초로 달 여행을 하신 분으로 여러분의 여행에 좋은 안내자가 될 것입니다.
와~

지금부터 여러분은 달로 여행을 떠나게 될 거예요. 하지만 그전에 달에 대해 조금 알아봅시다. 우주에 있는 천체에는 어떤 것들이 있을까요?
저요! 저요!

항성이요! 항성은 태양처럼 스스로 빛을 내는 별이에요.
항성
행성
잘 알고 있군요. 그 항성의 주위에는 행성이 빙글빙글 돌고 있죠. 지구도 태양이라는 항성 주위를 도는 행성인 것이죠.

태양은 수성, 금성, 지구, 화성, 목성, 토성, 천왕성, 해왕성의 8개의 행성을 거느리고 있어요. 하지만 모든 항성들이 태양처럼 행성을 거느리고 있는 것은 아니에요.

그럼 달은 어떤 천체일까요? 달은 행성의 주위를 돌고 있는 위성이죠. 위성을 다른 말로 달이라고 부르기도 합니다.
아~, 달이 위성이었구나!

달도 항성의 빛을 반사해 빛을 내는데, 지구뿐 아니라 태양계의 다른 행성들도 달을 가지고 있답니다.
화성
목성
토성
우리도 달이 있다고!
다른 행성도 달이 있었군요.

옛날 사람들이 생각한 달

옛날 사람들은 달을 어떻게 생각했을까요?
달의 표면을 최초로 관측한 갈릴레이의 얘기를 들어봅시다.

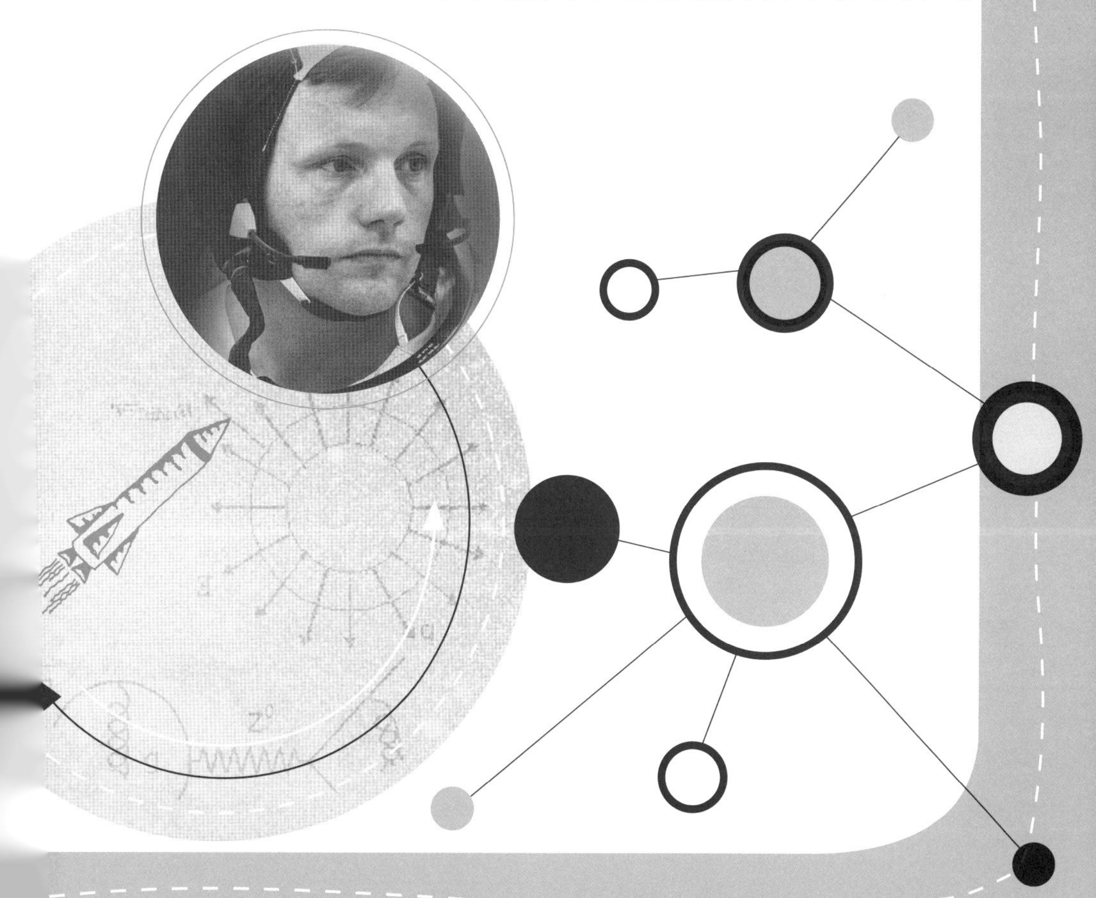

2

두 번째 수업

옛날 사람들이 생각한 달

교과연계.

초등 과학 5-2	7. 태양의 가족
중등 과학 2	3. 지구와 별
고등 지학 Ⅰ	3. 신비한 우주
고등 지학 Ⅱ	4. 천체와 우주

암스트롱은 옛날 이야기를 꺼내며 두 번째 수업을 시작했다.

아주 옛날 사람들은 달을 어떻게 생각했을까요?

기원전 1500년경 고대 바빌로니아 사람들은, 하늘이 지구를 둘러싸고 있는 활처럼 생긴 거대한 덮개라고 생각했습니다. 그리고 우리는 그 덮개에 난 신의 창문을 통해 달이나 별을 볼 수 있다고 생각했습니다. 이 창문은 밤에만 열리므로 낮에는 달을 볼 수 없다고 생각했지요.

바빌로니아 사람들은 달과 별이 움직이는 것을 신이 인간에게 보내는 메시지라고 생각했습니다. 그래서 사람들은 매일 밤 달을 관측하여 미래를 점치곤 하였습니다. 이것이 바

로 점성술의 시작이지요.

물론 바빌로니아 사람들의 생각이 옳지는 않았지만, 이들은 달과 별들의 움직임에 대한 좋은 지도를 만들어 훗날 코페르니쿠스(Nicolaus Copernicus, 1473~1543)가 달이 지구 주위를 돌고, 지구가 태양 주위를 돈다는 지동설을 발표하는 데 도움을 주었답니다.

이집트와 그리스 사람들의 달

이집트 사람들이 생각한 달은 바빌로니아 사람들의 것과는 달랐습니다. 이집트 사람들은 달의 모양이 변하는 것은 우주를 돌아다니는 돼지가 달을 조금씩 갉아먹기 때문이라고 생

각했지요.

이집트 사람들의 달에 대한 이론은 엉터리입니다. 하지만 그들이 달의 모양 변화에 관심을 가진 것만은 분명합니다.

이집트 사람보다 달에 대해 더 많이 연구한 사람은 고대 그리스 사람들입니다. 그들은 달을 검고 둥근 물체로 생각했어요. 즉, 달이 햇빛을 반사하기 때문에 빛이 난다고 생각했지요.

제5원소

그리스의 과학자 중에서 달에 대해 많은 연구를 했던 사람은 아리스토텔레스(Aristoteles, B.C.384~B.C.322)입니다. 그

는 위로 던져진 물체는 반드시 아래로 떨어지기 마련인데 달은 왜 지구로 떨어지지 않고 지구 주위를 빙글빙글 도는지에 대해 의문을 품었습니다.

그는 지구와 지구 주위의 하늘을 지상계, 우주를 천상계라고 생각했습니다. 그리고 지상계의 모든 물체는 물, 불, 흙, 공기라는 4개의 원소로 이루어져 있고 달이나 태양, 별과 같이 우주에 있는 물체는 지구에 없는 제5원소로 이루어져 있다고 생각했지요.

아리스토텔레스는 지상계에 있는 4개의 원소는 유한한 운동을 하므로 위로 던져진 돌은 바닥으로 떨어지고 구르던 공은 멈추게 마련이지만, 천상계에 있는 제5원소는 무한한 운동을 하기 때문에 달이 지구에 떨어지지 않고 영원히 돌 수 있다고 생각했습니다.

최초의 달 관측

아주 옛날 사람들은 달에 사람이 살고 있다고 믿었습니다. 그것은 보름달에 사람의 얼굴을 닮은 검은 얼룩들이 보이기 때문이었지요.

달에 사람이 없다는 것을 최초로 관측해 낸 사람은 이탈리아의 천문학자 갈릴레이(Galileo Galilei, 1564~1642)입니다. 갈릴레이는 달의 표면을 최초로 관측했지요. 그리고 달에 밝은 부분과 어두운 부분이 있다는 것을 알아냈습니다. 갈릴레이는 밝은 부분은 육지이고 어두운 부분은 바다라고 생각했습니다. 하지만 사실 달에는 물이 없으므로 바다는 없답니다.

만화로 본문 읽기

하늘은 거대한 덮개
옛날 사람들은 달을 어떻게 생각했을까요? 기원전 1500년경, 고대 바빌로니아 인들은 하늘이 지구를 둘러싸고 있는 활처럼 생긴 거대한 덮개라고 생각했습니다.

그 덮개에 난 신의 창문을 통해 달이나 별을 볼 수 있다고 생각했지요. 또 달과 별이 움직이는 것을 신이 인간에게 보내는 메시지라고 생각해서 매일 밤 달을 관측하여 미래를 점치곤 했어요.
그랬구나.

이집트 인들은 달 모양이 변하는 이유가 우주를 돌아다니는 돼지가 달을 조금씩 갉아먹기 때문이라고 생각했지요. 그리스 인들은 달은 검고 둥근 물체인데 햇빛을 반사해서 빛이 난다고 생각했어요.
킥킥, 그렇게 큰 돼지가 있다니….

아리스토텔레스는 지상의 모든 물체는 4개의 원소로 이루어져 있지만 우주에 있는 물체는 지구에 없는 제5원소로 이루어져 있다고 생각했지요.
달 → 제5원소

달을 보고 또 어떤 재미있는 생각들을 했나요?
사람 얼굴처럼 생겼으니 사람이 살거야.
옛날 사람들은 달에 사람이 살고 있다고 믿었어요. 보름달에 사람의 얼굴을 닮은 것은 얼룩들이 보였기 때문이지요.

갈릴레이는 달에 사람이 없다는 것을 최초로 관측했죠. 그리고 달에 있는 밝은 부분은 육지이고, 어두운 부분은 바다라고 생각했어요.
달에는 사실 물이 없지만 그래도 대단한 발견이었네요.

세 번째 수업 3

달의 운동

달은 어떤 운동을 할까요?
달의 공전과 자전에 대해 알아봅시다.

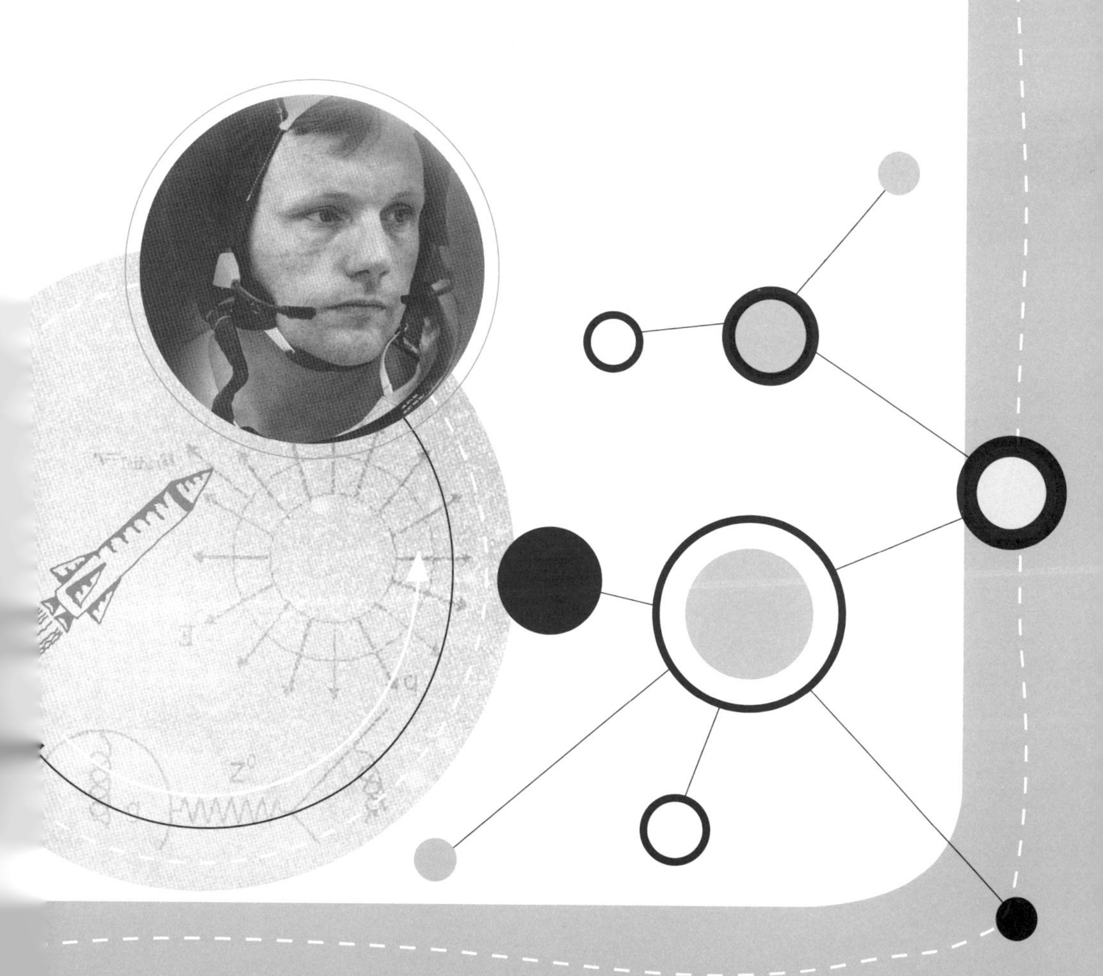

3

세 번째 수업

달의 운동

교.	초등 과학 5-2	7. 태양의 가족
과.	중등 과학 2	3. 지구와 별
연.	중등 과학 3	7. 태양계의 운동
계.	고등 과학 1	5. 지구
	고등 지학 Ⅰ	3. 신비한 우주
	고등 지학 Ⅱ	4. 천체와 우주

암스트롱은 손가락으로 보름달을 가리키며 세 번째 수업을 시작했다.

오늘은 달의 운동에 대한 수업을 하겠습니다. 달은 얼마나 멀리 떨어져 있을까요?

학생들은 생각해 보지 않은 질문이란 듯이 서로의 얼굴만 쳐다보았다. 아무도 답을 모르는 것 같아 보였다.

지구에서 달까지의 거리는 38만 km예요. 지구를 1바퀴 돌면 4만 km니까 지구에서 달까지의 거리는 지구를 9바퀴 반 정도 도는 거리이지요.

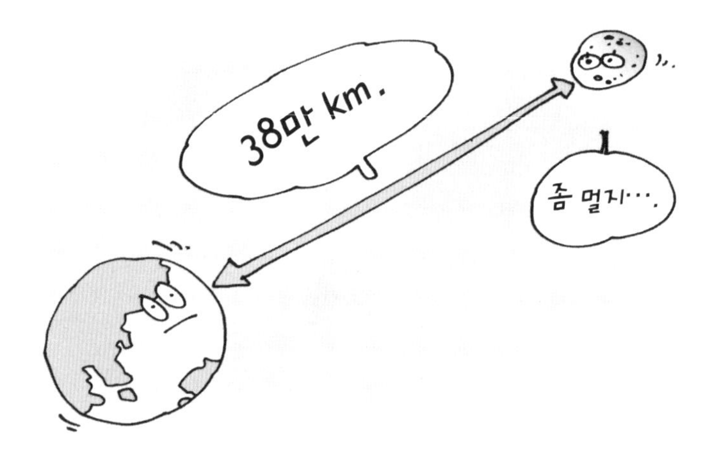

물론 이 거리는 아주 멀게 느껴질 수도 있지만 다른 천체까지의 거리에 비하면 아주 짧은 편에 속한답니다. 예를 들어, 지구에서 태양까지의 거리는 1억 5,000만 km이니까요.

달의 크기

달은 얼마나 클까요? 우선 달의 크기를 알기 위해서는 지구의 크기를 알 필요가 있습니다. 지구는 동그란 공 모양이고 그 반지름이 6,400km입니다. 달도 동그란 공 모양입니다. 달의 반지름은 1,738km로 지구 반지름의 $\frac{1}{4}$ 정도입니다.

암스트롱은 농구공과 야구공을 학생들에게 보여 주었다.

농구공을 지구라고 생각하면 야구공은 달이 되는 정도의 크기입니다.

달의 질량

그렇다면 달은 얼마나 무거울까요? 달의 질량은 지구 질량의 약 $\frac{1}{81}$ 정도입니다. 그러니까 달은 지구에 비해 매우 가벼운 천체이지요.

또한 달의 중력은 지구 중력의 $\frac{1}{6}$ 정도로 작습니다. 지구에서 질량이 6kg인 물체의 무게는 약 60N(뉴턴)입니다. 하지만 이 물체를 달에서 재면 질량은 그대로 6kg이지만 무게는 10N으로 줄어들게 됩니다. 그러니까 지구에서 잘 들 수 없었던 물체를 달에서는 쉽게 들 수 있지요.

과학자의 비밀노트

뉴턴(N)

뉴턴은 힘을 나타내는 절대 단위로 기호는 N이다. 1N은 질량이 1kg인 물체에 작용했을 때, 가속도 $1m/sec^2$으로 움직이게 하는 힘이다.

물리량의 단위에는 그 물리량의 개념을 처음 도입하거나 그 분야의 발전에 공로가 큰 사람의 이름을 붙이는 경우가 많다. 힘의 기본 단위인 뉴턴(N) 역시 영국의 물리학자 뉴턴(Isaac Newton)으로부터 유래하였다.

달의 공전

달은 원을 그리며 지구 주위를 돌고 있습니다. 이것이 바로 달의 1년인 셈이죠. 이렇게 달이 지구를 1바퀴 도는 것을 공전이라 하고, 그때 걸린 시간(달의 1년)을 공전 주기라고 부릅니다. 달의 공전 주기는 27일 7시간 43분입니다.

달은 왜 지구 주위를 돌까요? 그것은 바로 달과 지구 사이에 만유인력이라는 힘이 작용하기 때문입니다. 만유인력이란 질량을 가진 물체가 서로 잡아당기는 힘을 말하죠.

그렇다면 조금 이상하군요. 달과 지구 사이에 서로를 당기는 힘이 있다면 달은 지구로 떨어져야 하는데, 왜 달은 지구로 떨어지지 않을까요?

암스트롱은 양동이에 물을 가득 붓고 빙글빙글 돌렸다.

양동이가 거꾸로 뒤집혀도 물이 왜 안 떨어질까요? 이것은 양동이와 물이 원운동을 하고 있기 때문이지요.

원운동을 하는 물체는 구심력이라는 힘을 가지게 되는데, 이러한 구심력 때문에 원운동의 중심 쪽으로 나아가려는 힘을 가리킵니다.

암스트롱은 줄에 돌을 묶어 빙글빙글 돌렸다.

돌이 원운동을 할 수 있는 건 구심력을 받기 때문이죠. 이때 구심력은 줄이 원래의 길이가 되려는 힘(장력)을 말하며, 그 힘의 방향은 원운동의 중심 방향이 되지요. 하지만 이때 줄이 끊어지면 돌은 더 이상 구심력이 없어지므로 원운동을 하지 않고 접선 방향으로 도망친답니다.

즉, 달과 지구 사이의 만유인력이 구심력 역할을 하여 달이 지구를 중심으로 원운동을 하는 거지요. 그래서 달은 지구로 떨어지지 않는답니다. 만일 달이 갑자기 멈추면 달은 지구로 떨어지게 됩니다. 이것도 간단하게 실험해 볼 수 있습니다.

암스트롱은 다시 양동이를 돌렸다. 위로 올라가는 순간 양동이를 멈추어 세웠더니 양동이의 물이 암스트롱의 머리 위로 쏟아졌다.

달이 멈추면 큰일 나겠군요. 다행히 우주 공간에는 달을 멈추게 하는 방해물이 없으니까 달은 지구 주위를 영원히 돌게 될 거예요.

달의 자전

암스트롱은 팽이를 돌렸다. 팽이는 제자리에서 빙글빙글 돌았다.

팽이의 심은 제자리에 있지요? 하지만 팽이는 팽이의 심을 중심으로 빙글빙글 돌고 있습니다. 이러한 운동을 자전이라고 부르지요.

지구는 팽이가 돌듯이 하루에 1번 자전을 하며 자전에 걸리는 시간을 자전 주기라고 부릅니다. 지구의 자전 주기는 24시간이지요.

달도 자전을 할까요? 물론입니다. 달의 자전 주기는 놀랍게도 달의 공전 주기와 정확히 같습니다. 즉, 달이 1바퀴 자전하는 데 걸리는 시간은 27일 7시간 43분입니다. 이것이 바로 달의 하루입니다.

지구 개념으로 보면 달은 하루와 1년이 같은 아주 신기한 천체입니다.

달은 왜 같은 모습으로 보일까?

우리는 항상 달의 앞면만을 볼 수 있습니다. 달의 뒷면은 로켓을 타고 가서 보지 않는 한 볼 수가 없지요. 그것은 달의 자전 주기와 공전 주기가 같기 때문입니다. 간단하게 실험을 한번 해 봅시다.

암스트롱은 2개의 회전의자를 놓고, 가운데 회전의자에 삼식이를 앉히고 바깥쪽 회전의자에는 삼순이를 앉혔다.

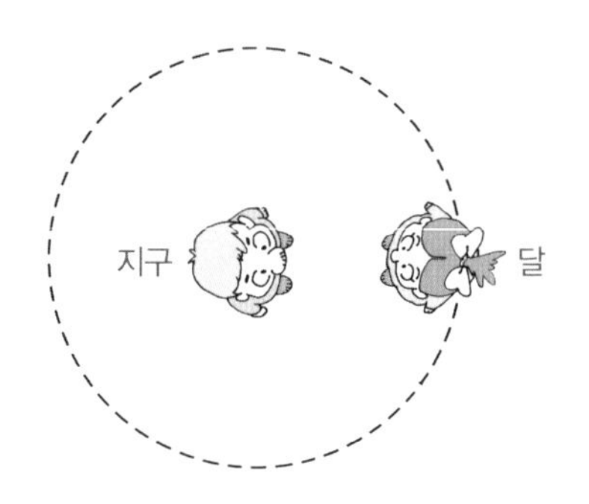

이제 삼식이를 지구라고 하고 삼순이를 달이라고 합시다. 삼식이는 지금 삼순이의 얼굴을 보고 있습니다. 삼식이 눈에 삼순이의 뒤통수는 보이지 않지요.

암스트롱은 삼순이의 의자를 삼식이의 의자 주위로 90° 이동시키고, 삼순이의 의자를 90° 돌렸다. 그리고 삼식이에게 삼순이를 보게 했다.

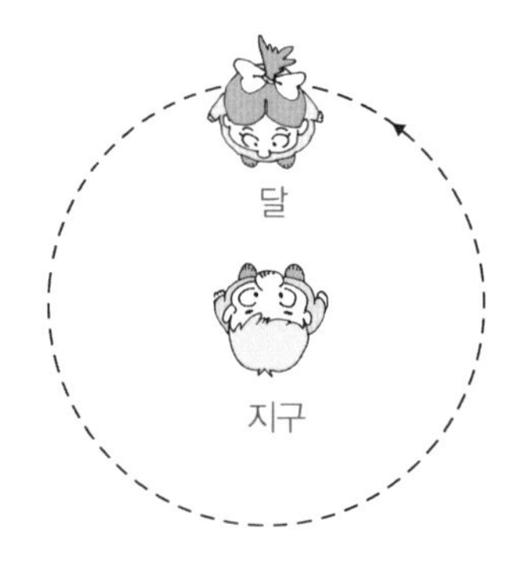

삼순이가 움직였는데도 삼식이 눈에는 여전히 삼순이의 얼

굴이 보입니다. 그 이유는 삼순이가 삼식이 주위로 90° 공전하는 동안 삼순이가 같은 방향으로 90° 자전했기 때문입니다.

암스트롱은 다시 삼순이를 90° 공전시키고 같은 방향으로 90° 자전시켰다. 그리고 삼식이에게 삼순이를 보게 했다.

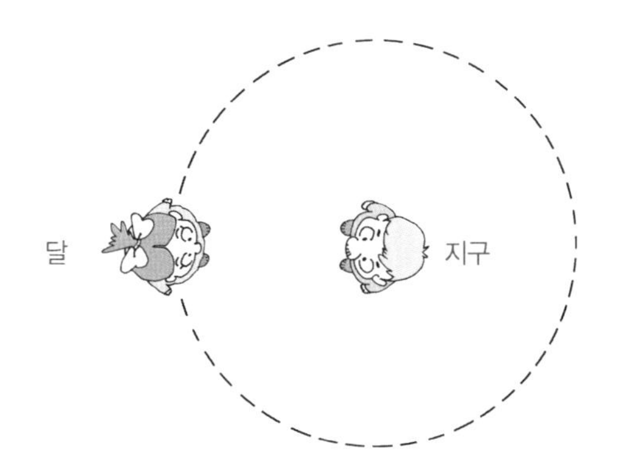

역시 삼식이는 삼순이의 앞모습만 보게 되지요? 이것은 삼순이의 자전 주기와 공전 주기가 같기 때문입니다.

이처럼 달도 공전 주기와 자전 주기가 같기 때문에 지구에서는 항상 달의 앞면만 볼 수 있답니다.

만화로 본문 읽기

달이 원을 그리며 지구 주위를 돌고 있다는 것은 모두 잘 알고 있을 겁니다.

이렇게 달이 지구를 도는 것을 공전이라고 하는데, 달의 공전 주기는 약 27일이에요. 달이 지구 주위를 도는 것은 달과 지구 사이에 만유인력이 작용하기 때문이죠.
그런데 서로를 당기는 힘이 있다면 달은 지구로 떨어져야 하지 않나요?

물을 가득 붓고 양동이를 돌리면 양동이가 뒤집혀도 물이 안 떨어지죠? 이것은 양동이와 물이 원운동을 하고 있어 구심력이라는 힘을 가지게 되기 때문이에요.
아~, 그렇군요.
그럼 만약 달이 멈추면 어떻게 되는 거예요?

돌리고 있던 양동이를 멈추면 물이 쏟아져 버리겠죠? 즉, 달이 멈추면 그때는 달이 지구로 떨어지고 말 것입니다.
으으, 그럼 큰일 나겠네요.

그런 일은 없을 테니 걱정하지 마세요. 이번엔 달의 자전에 대해 알아보죠. 팽이처럼 제자리에서 빙글빙글 도는 운동을 자전이라고 해요.
달도 자전을 하나요?

네. 놀랍게도 달의 자전 주기는 공전 주기와 정확히 같아요. 하루와 1년이 같은 것이죠. 그래서 달은 1년 중 절반은 낮, 절반은 밤이랍니다.
낮
밤
와, 신기하네요.

네 번째 수업

4

지구와 달

모든 행성이 달을 가지고 있는 것은 아닙니다.
달로 인해 지구에서 벌어지는 일들을 알아봅시다.

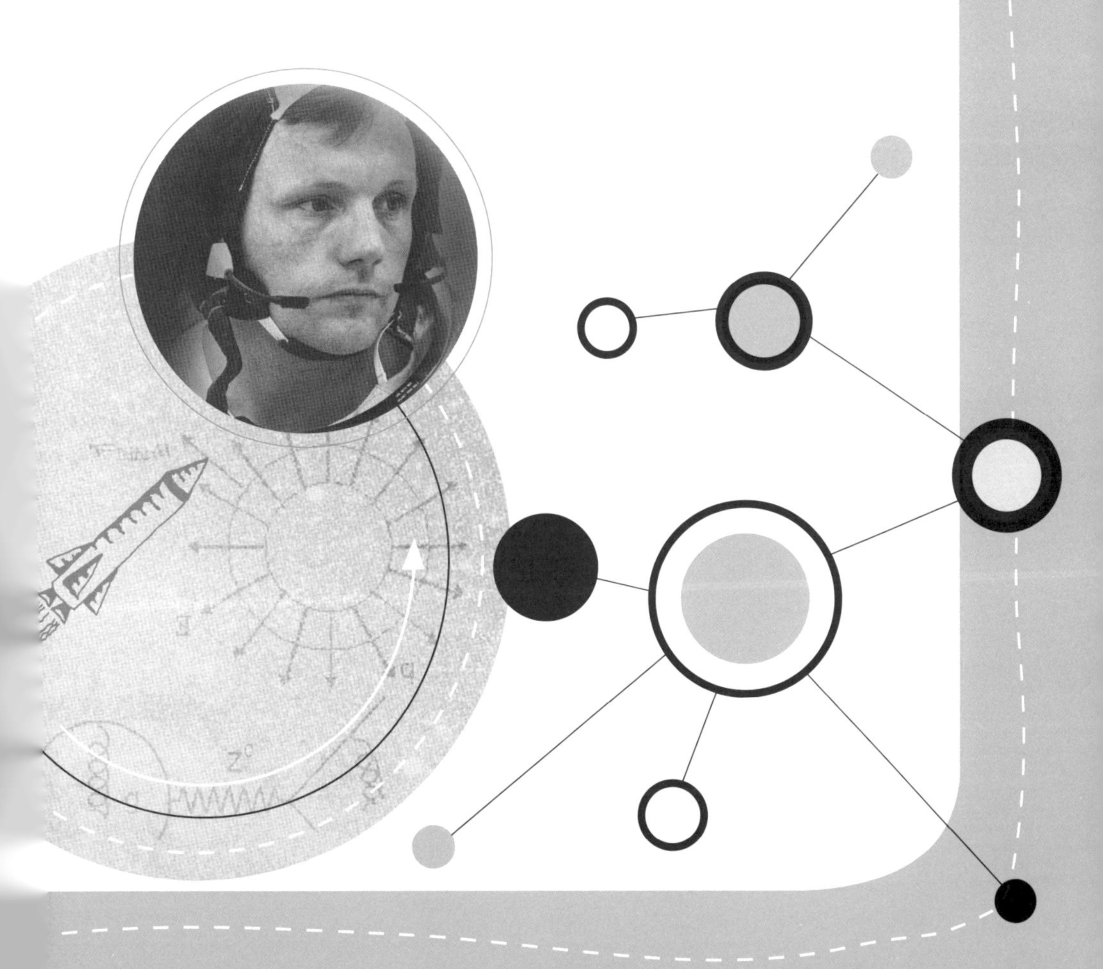

4

네 번째 수업

지구와 달

교.	초등 과학 5-2	7. 태양의 가족
과.	중등 과학 2	3. 지구와 별
연.	고등 과학 1	5. 지구
계.	고등 지학 Ⅰ	3. 신비한 우주
	고등 지학 Ⅱ	4. 천체와 우주

암스트롱이 활기찬 모습으로
네 번째 수업을 시작했다.

오늘은 달과 지구 사이의 관계에 대하여 알아보겠습니다.

우리는 낮에는 태양을, 밤에는 달을 봅니다. 태양이 달보다 큰데 왜 태양과 달은 같은 크기로 보일까요?

우선 태양의 지름과 달의 지름을 비교해 보죠.

태양의 지름 = 141만 394km(지구 지름의 109배)
달의 지름 = 3,188km(지구 지름의 $\frac{1}{4}$배)

태양은 달보다 400배나 큽니다. 하지만 태양은 달보다 훨

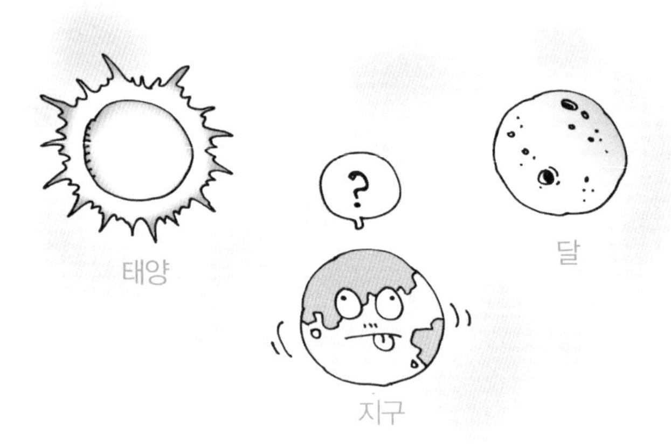

씬 먼 곳에 있습니다. 지구에서 두 천체까지의 평균 거리를 비교해 보죠.

지구에서 태양까지의 평균 거리 = 약 1억 5,000만 km

지구에서 달까지의 평균 거리 = 약 38만 4,400km

태양이 달보다 지구에서 얼만큼 멀리 떨어져 있나요?

__400배 정도 멀리 떨어져 있어요.

멀리 떨어진 물체는 가까이 있는 물체보다 작아 보입니다. 따라서 태양의 지름이 달보다 400배 크지만 지구에서 400배 멀리 떨어져 있기 때문에 태양과 달은 같은 크기로 보이는 것입니다. 이것을 간단히 실험해 볼 수 있습니다.

암스트롱은 탁자 위에 골프공을 올려놓고, 삼식이에게 농구공을 들고 뒤로 멀리 가게 했다. 학생들은 가까이 있는 골프공과 멀리 있는 농구공을 동시에 볼 수 있었다.

어느 공이 더 커 보이나요?

__ 비슷한 크기로 보입니다.

이처럼 멀리 있는 큰 물체는 작게 보입니다.

달의 모양 변화

달은 날마다 모양이 달라지며 달이 제일 크게 보일 때를 보름달이라고 부릅니다. 1달에 1번 나타나요! 달은 보름달에서

부터 점점 작아져서 마침내 사라집니다.

다음 그림은 달의 모양 변화와 그 이름입니다.

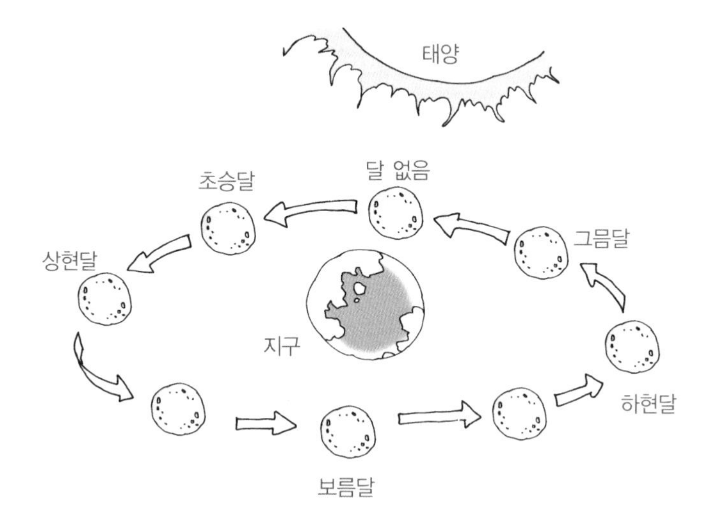

달은 왜 모양이 변할까요? 그것은 달이 지구 주위를 공전하는 동안 햇빛을 받는 부분이 달라지기 때문입니다. 한번 실험해 봅시다.

암스트롱은 학생들을 암실로 데려갔다. 그리고 회전축 위에 전구를 켜고 회전축 위에 놓인 회전 막대의 한쪽 끝에 흰 공을 고정시켰다.

우선 삭이 일어나는 경우를 보기로 할까요? 삭이란 달이 보이지 않는 때입니다.

암스트롱은 막대를 돌려 전구와 학생들 사이에 공이 놓이게 했다.

전구에서 나온 빛이 공의 뒷면을 비추니까 앞면은 우리 눈에 어둡게 보이죠?

전구를 태양, 공을 달, 여러분을 지구라고 생각해 보세요. 이때 지구에는 달빛이 오지 않으니까 달이 보이지 않죠? 이때가 바로 삭이랍니다.

암스트롱은 막대를 회전시켜 전구와 학생들을 잇는 직선이 막대와 수직을 이루게 했다.

공이 어떻게 보이나요?

__반쪽만 빛나요.

이것이 반달이지요.

암스트롱은 막대를 조금 더 회전시켜 공과 학생들 사이에 전구가 오게 했다.

공이 어떻게 보이나요?

__ 동그랗게 보여요.

이것이 바로 보름달이랍니다.

달의 모양이 이처럼 매일 달라지는 것은 달이 지구 주위를 빙글빙글 돌면서 햇빛을 반사시키는 부분이 달라지기 때문입니다.

월식과 일식

달은 햇빛을 반사해 빛납니다. 그런데 지구가 태양과 달 사이에 놓이게 되면 지구 때문에 햇빛이 달로 전해지지 않아 달이 보이지 않게 됩니다. 이것을 월식이라고 합니다. 옛날 사람들은 달이 먹혀서 사라진다고 생각해서 월식이라고 이름 붙였답니다.

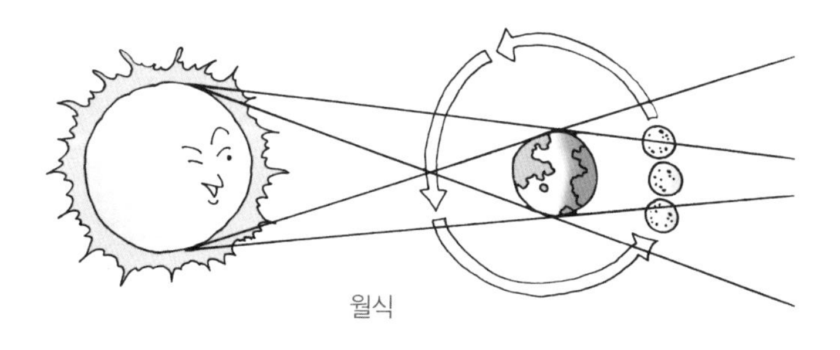
월식

지구가 햇빛을 모두 가리면 달이 완전히 보이지 않는데 이 때를 개기 월식이라고 하고, 지구가 일부분만 가려 달의 일부분이 보이지 않는 경우를 부분 월식이라고 합니다.

월식은 매년 1~2번 일어납니다. 개기 월식 때의 달은 붉은색을 띠는데, 이것은 달에 직접 가는 햇빛을 지구가 가려 버려 지구의 대기에 의해 굴절된 붉은빛이 달을 비추기 때문입니다. 달이 보이지 않는 월식은 그리 놀라운 광경이 아닙니다.

__그럼 놀라운 광경은 무엇인가요?

한낮에 떠 있어야 할 태양이 사라지면 사람들이 많이 놀라게 되겠지요?

일식은 달이 태양과 지구 사이에 놓여 햇빛이 지구로 오는 것을 가리는 현상입니다.

일식에도 여러 가지 종류가 있습니다. 달이 태양을 모두 가

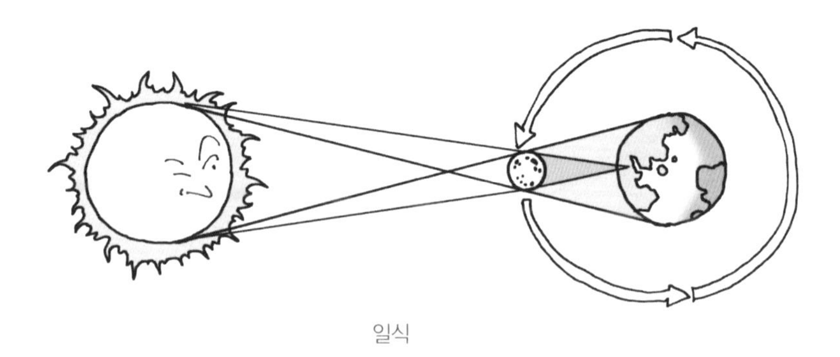

일식

려 태양이 완전히 사라지는 것을 개기 일식이라고 하고, 부분적으로 가리는 경우를 부분 일식이라고 부릅니다. 또 지구와 달의 거리가 멀면 태양을 전부 가리지 못하게 됩니다. 이렇게 되면 태양의 가장자리 부분이 금가락지 모양으로 빛나는데, 이것을 금환 일식(금환식)이라고 부릅니다.

일식은 보통 1년에 2번, 태양－달－지구가 정확히 일직선상에 있는 그믐에 일어납니다. 하지만 개기 일식이 일어나는 지역의 폭은 268km를 넘지 않으므로 지구상의 일부 지역에서만 개기 일식을 관찰할 수 있습니다. 그러므로 개기 일식이 일어나는 장소에는 많은 관광객들이 몰려듭니다.

개기 일식은 몇 분 정도의 아주 짧은 시간 동안만 일어납니

금환 일식

다. 이때는 하늘이 캄캄할 뿐만 아니라 서늘해지고 바람도 불지 않아 약간 소름 끼치는 기분이 들 것입니다.

만조와 간조

바닷가에 가 보면 하루에 2차례 바닷물이 높아졌다 낮아졌다 합니다. 이런 현상은 왜 생길까요? 이것 역시 달 때문에 는 현상입니다.

달이 바닷물과 가까워지면 달이 바닷물을 잡아당깁니다. 이것은 바로 달과 바닷물 사이의 만유인력 때문이지요. 이 힘으로 바닷물이 높아지게 되는데, 이때를 만조라고 부릅니다.

반대로 달이 바다에서 멀어지면 바닷물은 원래 높이로 낮아지는데, 이때를 간조라고 합니다. 이렇게 만조와 간조가 생기는 것은 지구가 자전하기 때문이지요.

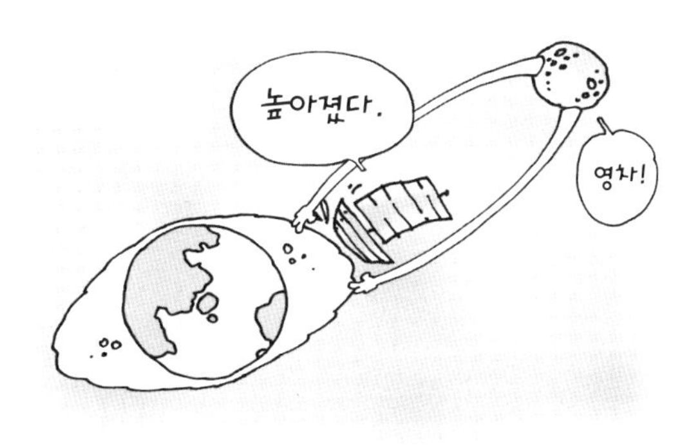

만조

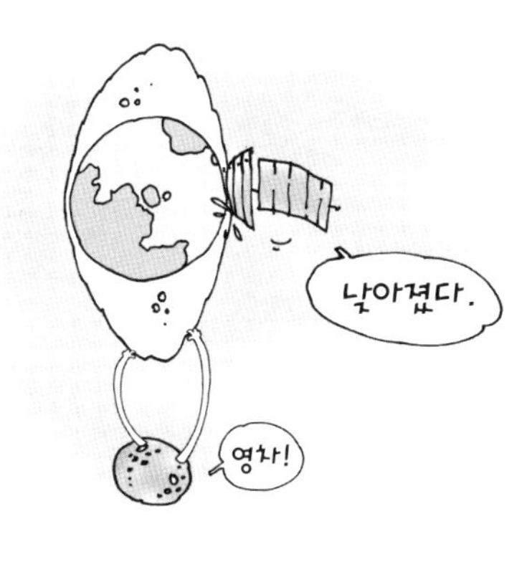

간조

만화로 본문 읽기

여러분, 달의 모양이 왜 달라지는지 알고 있나요?
달이 지구 주위를 공전하는 동안 햇빛을 받는 부분이 달라져 반사하는 모양이 다르기 때문 아닌가요?

맞아요. 그럼 달의 월식과 일식이라는 말은 들어봤나요? 월식이란, 지구가 태양과 달 사이에 놓이게 되어 햇빛이 달로 전해지지 않으므로 달이 보이지 않게 되는 현상을 말합니다.

이런 현상은 매년 1~2번씩 일어지요. 일식은 달이 태양과 지구 사이에 놓여 햇빛이 지구로 오는 것을 가리는 현상을 말해요.

일식에는 달이 태양을 완전히 가리는 개기 일식과 부분적으로 가리는 부분 일식이 있어요. 하지만 아쉽게도 일부 지역에서만 관찰할 수 있어요.
일식
개기 일식
부분 일식
신문에서 본 적이 있어요.

바다의 만조와 간조가 달 때문에 생긴다는 건 알고 있나요? 만조와 간조란 바닷물이 하루에 2번 높아졌다 낮아졌다 하는 현상입니다. 이런 현상은 왜 생길까요?
달의 인력 때문인가요?
만조
간조

그래요. 달이 지구와 가까워지면 바닷물을 잡아당겨서 바닷물이 높아지는 만조가 되고, 반대로 달이 멀어지면 바닷물은 원래 높이로 낮아져 간조가 됩니다.
그렇군요.

다섯 번째 수업

달의 중력

달은 지구보다 중력이 작습니다.
중력이 작은 달에서는 어떤 일이 벌어질까요?

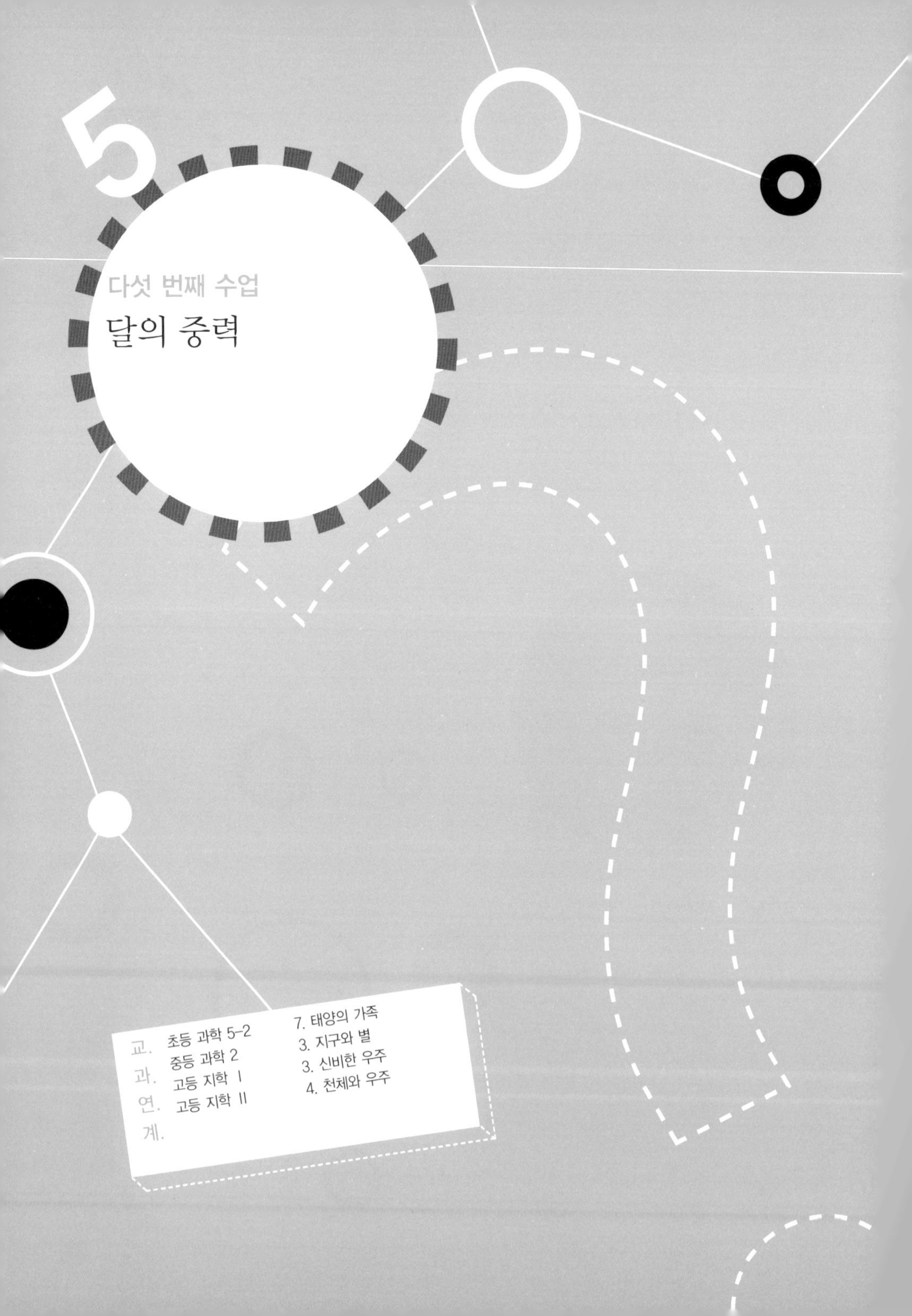

5

다섯 번째 수업

달의 중력

교.
과.
연.
계.

초등 과학 5-2	7. 태양의 가족
중등 과학 2	3. 지구와 별
고등 지학 I	3. 신비한 우주
고등 지학 II	4. 천체와 우주

암스트롱이 공을 가지고 와서
다섯 번째 수업을 시작했다.

오늘은 달의 중력에 대한 이야기를 하겠습니다. 중력이란 지구나 달과 같은 천체들이 물체를 잡아당기는 힘입니다. 우리가 지구에서 떨어지지 않는 이유도 지구의 중력 때문이지요.

암스트롱은 공을 위로 던졌다. 공은 위로 올라갔다가 다시 내려왔다.

이렇게 위로 올라간 물체가 다시 바닥으로 떨어지는 것은 지구의 중력 때문이지요.

그렇다면 달의 중력은 지구의 중력과 어떤 차이가 있을까요?

달의 중력은 지구의 중력에 비해 $\frac{1}{6}$ 정도 작습니다. 이렇게 달에서는 물체를 잡아당기는 힘이 지구보다 훨씬 작으므로 신기한 일들이 많이 벌어지지요.

예를 들어, 태식이의 질량은 60kg입니다. kg은 질량의 단위이지요. 질량은 달에서나 지구에서나 그 어느 곳에서도 달라지지 않습니다.

하지만 무게는 달라집니다. 태식이의 무게는 지구가 태식이를 잡아당기는 힘입니다. 힘의 단위는 kg이 아니라 힘을 처음으로 연구한 물리학자 뉴턴(Isaac Newton, 1642~1727)의 이름을 따서 뉴턴이라고 부르고 N이라고 씁니다.

1N은 질량이 1kg인 물체에 작용했을 때, 가속도 1m/sec^{2}으로 움직이게 하는 힘이지요.

1kg의 물체를 지구가 잡아당기는 힘은 약 10N(뉴턴)입니다. 그러므로 질량이 60kg인 태식이를 지구가 잡아당기는 힘은 60의 10배인 600N이 되지요. 이 힘이 바로 지구의 중력입니다.

하지만 태식이가 달에서 몸무게를 재면 눈금은 100을 가리킵니다. 즉, 태식이의 질량은 60kg 그대로이지만 달의 중력이 지구의 $\frac{1}{6}$이므로 태식이의 무게는 지구에서 무게의 $\frac{1}{6}$인 100N이 됩니다. 그래서 눈금은 100을 가리키게 되지요.

달에서의 덩크슛

암스트롱은 삼식이에게 덩크슛을 해 보라고 했다. 키에 비해 골대가 너무 높아 삼식이는 덩크슛을 할 수 없었다.

키가 작은 삼식이는 덩크슛을 할 수 없군요.

우리가 위로 뛰어오르면 지구의 중력이 우리를 잡아당깁니다. 그러니까 위로 올라간 물체는 결국 바닥으로 떨어지지요. 이때 우리가 빠르게 뛰어오를수록 더 높은 곳까지 올라갈 수 있습니다.

하지만 사람마다 한계가 있어 일정 높이 이상 점프할 수 없습니다. 그러니까 높은 골대에 덩크슛을 하기 위해서는 적당히 키가 커야 합니다. 그래서 덩크슛을 하는 선수들은 2m가 넘는 큰 키를 가지고 있지요.

하지만 달에서는 키가 작은 학생들도 쉽게 덩크슛을 할 수 있어요. 그것은 달의 중력이 지구의 $\frac{1}{6}$ 정도로 작기 때문이지요. 그러니까 같은 속력으로 뛰어올라도 달에서는 훨씬 높은 곳까지 올라가게 됩니다.

달에 착륙한 우주인들이 껑충껑충 뛰어오르면서 걸어가는 것도 바로 이 때문이지요.

__와, 신기해요.

달에서의 낙하 법칙

달은 중력이 작기 때문에 지구에서보다는 물체가 천천히 떨어집니다. 예를 들어 지구에서는 5m 높이에서 떨어진 물체가 바닥에 닿으면 속력이 초속 10m가 됩니다. 이것을 시속으로 바꾸면 시속 36km에 해당되지요.

하지만 달에서는 물체가 천천히 떨어지기 때문에 30m에서 떨어졌을 때 이 속도가 됩니다. 그러므로 우리가 달에 아파트를 짓고 산다면 3층이나 4층에서도 계단이나 엘리베이터를 이용하지 않고 바닥으로 뛰어내릴 수 있겠지요.

만화로 본문 읽기

달에 도착했군요. 참, 밖으로 나가기 전에 알아 두어야 할 것이 있어요. 달의 중력은 지구의 중력에 비해 $\frac{1}{6}$ 정도라는 사실입니다.

여러분도 알다시피 물체가 바닥으로 떨어지는 것은 중력 때문이에요. 이 아령은 질량이 6kg인데, 달에서나 지구에서나 질량은 그대로일 것입니다. 하지만 무게는 그렇지가 않죠.

1kg인 물체의 중력은 약 10N이니까 6kg인 아령의 중력은 60N이 되지요. 하지만 달의 중력은 지구의 $\frac{1}{6}$ 이므로 10N이 되죠. 여러분의 몸무게도 달에서는 $\frac{1}{6}$ 로 줄어들 거예요.
우아, 제가 그렇게 가벼워 진다고요?

따라서 지구에선 뛰어올라도 중력 때문에 다시 땅에 내려오지만 달에선 훨씬 높은 곳까지 뛰어오를 수 있으니 주의하도록 하세요. 알겠죠?
네~!

그리고 하나 더! 달에서는 중력이 작기 때문에 지구에서보다 물체가 천천히 떨어져요. 그래서 만약 달에 산다면 높은 곳에서 내려올 때도 계단이 필요 없겠죠?

자, 그럼 이제 나가 볼까요?
와아~!

여섯 번째 수업

대기가 없는 달

달에는 공기가 없습니다.
공기가 없는 달에서는 어떤 신기한 일이 벌어질까요?

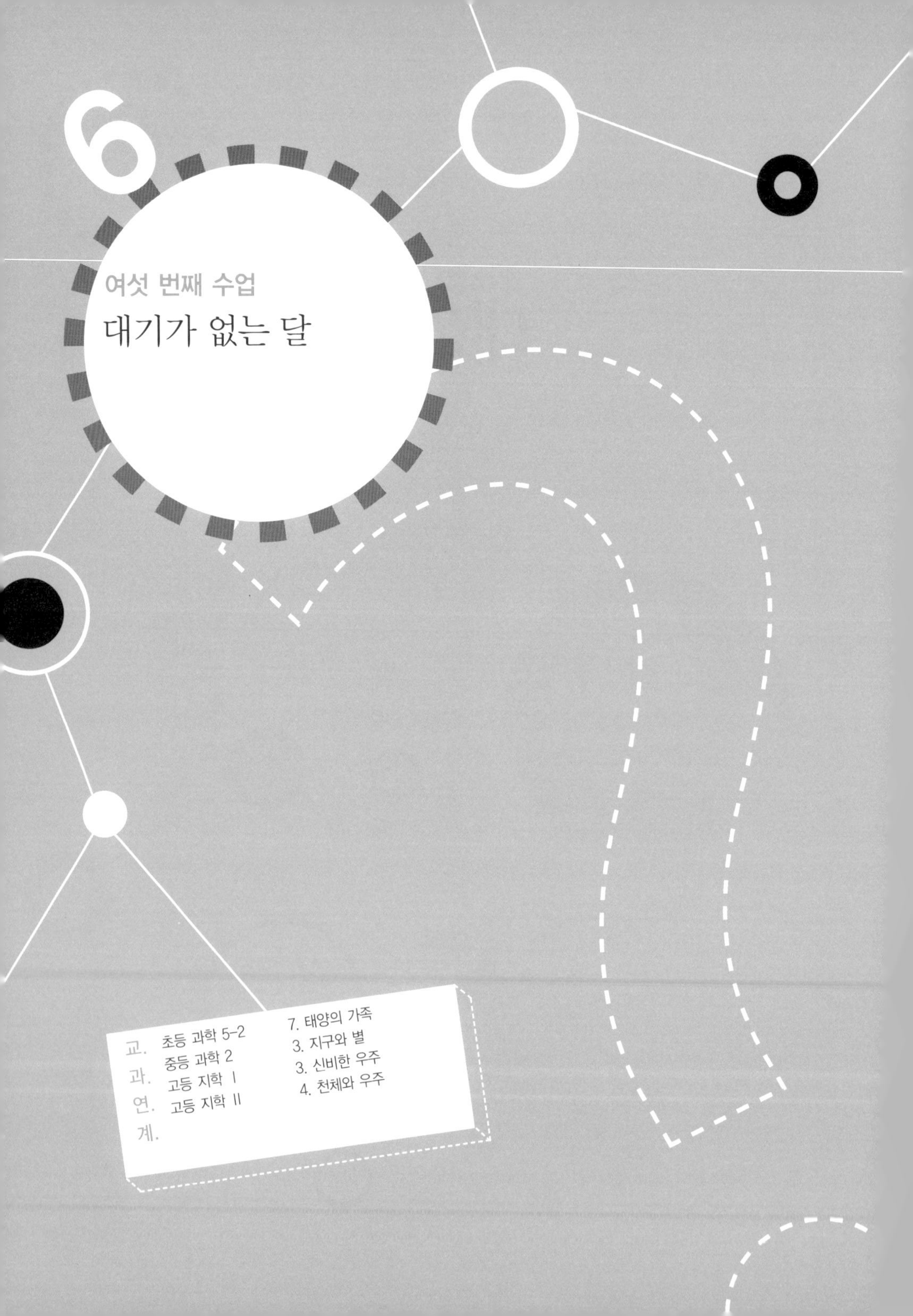

6

여섯 번째 수업

대기가 없는 달

교과 연계		
	초등 과학 5-2	7. 태양의 가족
	중등 과학 2	3. 지구와 별
	고등 지학 I	3. 신비한 우주
	고등 지학 II	4. 천체와 우주

암스트롱이 미소를 지으며
여섯 번째 수업을 시작했다.

공기가 있는 지구와 없는 달

달에는 지구처럼 대기가 없습니다. 대기란 지구를 덮고 있는 거대한 공기층을 말하지요. 즉, 달에는 공기가 없다는 뜻입니다.

우리는 지구 대기에 들어 있는 산소를 이용하여 숨을 쉽니다. 하지만 달에는 산소가 없으므로 숨을 쉴 수가 없지요.

달에 착륙한 우주 조종사들이 커다란 통을 등에 메고 있는 모습을 본 적이 있지요? 그것은 바로 산소가 들어 있는 통이

랍니다.

달에는 공기가 없으므로 소리를 들을 수 없습니다. 소리는 음파라는 파동으로 공기 분자들의 진동에 의해 전달되지만 달에는 공기가 없기 때문에 몸짓으로 의사소통을 해야 합니다.

달의 하늘은 파랄까요? 그렇지 않습니다. 지구의 하늘이 파란 것은 공기들이 태양에서 오는 7가지 색깔의 빛 중에서 파란빛을 잘 반사하기 때문이죠. 하지만 달에는 대기가 없으므로 햇빛을 반사하지 못해 하늘이 밤하늘처럼 깜깜합니다. 그러니까 달의 낮은 캄캄한 하늘에 태양이 떠 있는 모습을 하고 있지요.

달에는 공기가 없으므로 바람도 불지 않습니다. 바람이란

공기 분자들의 움직임입니다. 그리고 물도 없기 때문에 비나 눈도 내리지 않습니다. 그래서 달의 날씨는 날마다 똑같답니다.

달에는 대기가 없으므로 낮에는 햇빛을 받아 아주 뜨거워집니다. 달의 낮 기온은 127℃까지 올라가지요. 하지만 밤에는 금방 차갑게 식어 −173℃까지 내려갑니다. 이것은 달이 대기라는 옷을 입고 있지 않기 때문입니다.

달에는 고운 모래들이 많이 있습니다. 그렇다면 달에서 모래성을 쌓으면 어떻게 될까요? 그 모래성은 공기가 없기 때문에 영원히 무너지지 않을 것입니다.

달에서는 음식을 오랫동안 놔두어도 상하지 않습니다. 음식이 상하는 것은 공기의 작용 때문에 일어나는 현상인데 달에는 공기가 없기 때문에 음식이 상하지 않습니다. 그러므로

달은 그 자체가 음식을 오래 보관할 수 있는 냉장고인 셈이죠.

공기 저항

이번에는 달과 지구에서 물체의 낙하 운동의 차이에 대해 알아봅시다.

암스트롱은 공과 종이 1장을 같은 높이에서 동시에 떨어뜨렸다. 공은 빠르게 바닥에 떨어졌지만 종이는 공중에서 천천히 떨어지고 있었다.

이 실험을 달에서 하면 어떻게 될까요? 달에서는 공과 종이가 동시에 빠르게 떨어집니다.

종이는 떨어지면서 많은 공기 분자들과 충돌하여 에너지를 잃어버립니다. 이것을 공기 저항이라고 부르지요. 따라서 큰 공기 저항을 받은 종이는 천천히 떨어지고 공기 저항을 적게 받는 공은 빠르게 떨어집니다. 하지만 달에는 공기가 없으므로 종이가 천천히 떨어질 이유가 없습니다. 그러므로 종이도 공처럼 아주 빠르게 떨어지지요.

공기의 저항이 없다는 것은 한 번 움직인 물체가 멈추지 않는다는 것을 말합니다. 달에 깃발을 꽂고 손으로 펄럭이게 해 주면 깃발은 영원히 펄럭입니다. 또 달에 그네를 만들고 밀어 주면 그 그네는 영원히 멈추지 않습니다.

또 다른 예를 들면 지구에서는 시간이 오래 지나면 풍화, 침식 작용에 의해 발자국이 사라지지만 달에 생긴 사람의 발자국은 절대로 사라지지 않습니다.

달에는 공기가 없고 바람이 불지 않아 한 번 만들어진 발자국은 영원히 남아 있게 되는 것입니다.

과학자의 비밀노트

달에 공기가 없는 이유

달에는 왜 공기가 없을까? 지구의 공기는 주로 질소와 산소라는 기체로 이루어져 있다. 기체들도 질량을 가지고 있으므로 지구가 잡아당기는 만유인력을 받게 된다. 따라서 그 힘 때문에 기체 분자들이 지구에서 도망치지 못하고 지구를 에워싼 대기를 이루는 것이다.

하지만 달은 중력이 작아서 기체 분자들이 도망치지 못하도록 잡을 수가 없기 때문에 달에는 공기가 없다.

만화로 본문 읽기

달에 착륙한 우주 조종사들은 왜 커다란 통을 등 뒤에 메고 있나요?
그건 산소가 들어 있는 통이에요. 달에는 산소가 없어서 숨을 쉴 수가 없기 때문이지요.

그런데 달에는 왜 공기가 없나요?
지구의 공기는 지구가 잡아당기는 만유인력 때문에 기체 분자들이 지구를 에워싼 대기를 이루는 거예요.

하지만 달은 중력이 작아서 기체 분자들이 도망치지 못하도록 잡을 수 없기 때문에 달에는 공기가 없지요.
도망가자!
공기를 잡을 힘이 없어.
공기가 없으면 소리도 전달이 안 되겠네요?

맞아요. 소리는 음파라는 파동으로 공기 분자들의 진동에 의해 전달되기 때문이에요
그럼 바람은요? 공기가 없으면 바람도 불지 않겠죠?
배고파~!
나도 추워!

그래요. 바람이란 공기 분자들의 움직임이니까요. 그리고 물도 없기 때문에 비나 눈도 내리지 않아요.
그러면 달의 날씨는 날마다 똑같겠군요. 그런데 달에서도 하늘이 파란가요?

그건 아니에요. 달에는 대기가 없어서 햇빛을 반사하지 못해 하늘이 밤하늘처럼 깜깜해요. 그래서 달의 낮은 캄캄한 하늘에 태양이 떠 있는 모습을 하고 있지요.
그렇군요.

일곱 번째 수업

7

크레이터 이야기

달 표면은 어떻게 생겼을까요?
달에 수많은 크레이터가 생긴 이유를 알아봅시다.

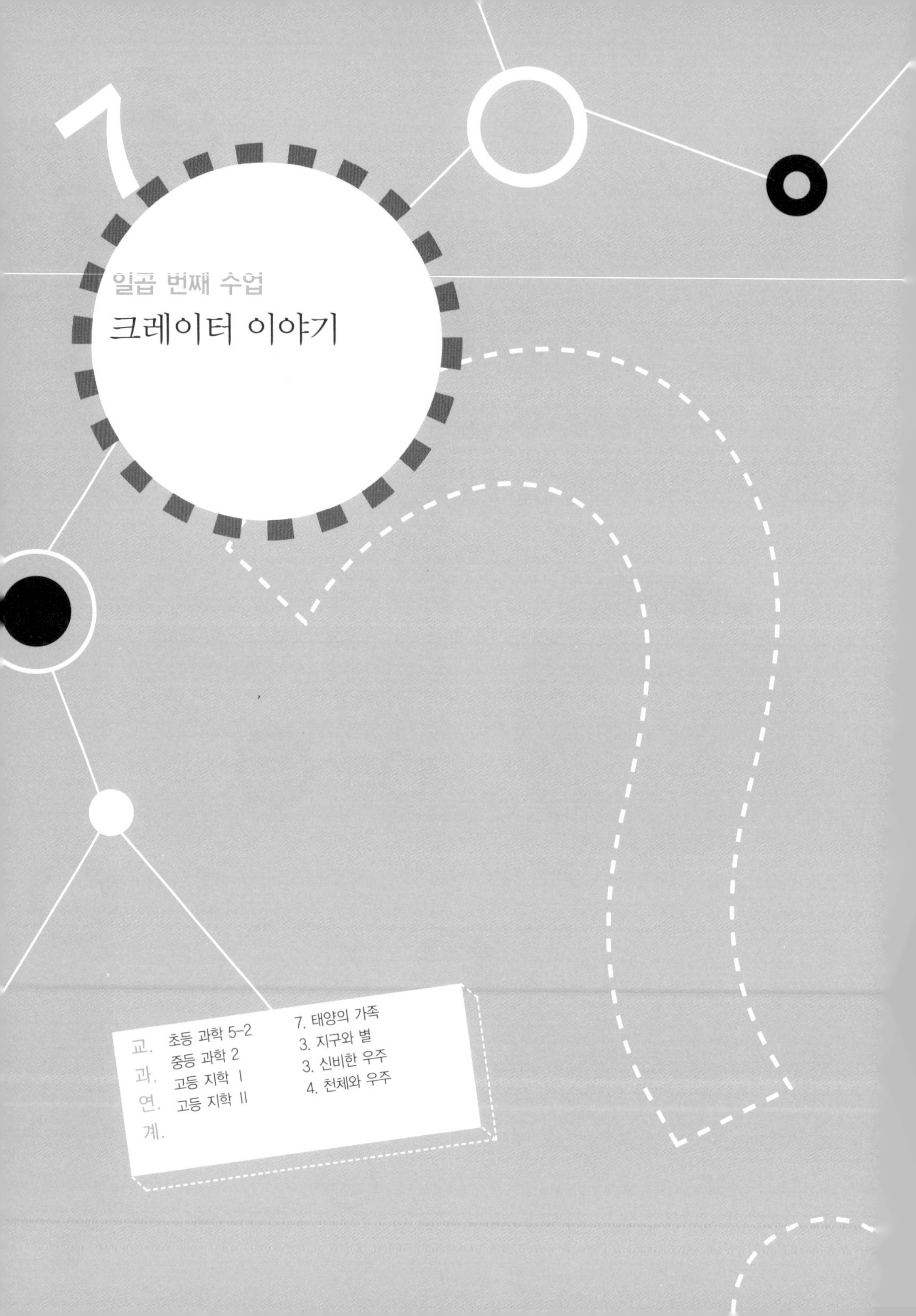

7

일곱 번째 수업

크레이터 이야기

교과연계		
	초등 과학 5-2	7. 태양의 가족
	중등 과학 2	3. 지구와 별
	고등 지학 I	3. 신비한 우주
	고등 지학 II	4. 천체와 우주

암스트롱의 일곱 번째 수업은 천체 관측소에서 진행되었다.

오늘은 달의 모습을 천체 망원경으로 관측하겠어요.

암스트롱은 학생들에게 달의 모습을 보여 주었다. 달은 군데군데 구멍이 나 있는 지저분한 모습이었다.

달에서 검고 평평하게 보이는 곳이 달의 바다입니다. 달의 바다는 지구의 바다처럼 물이 있는 곳이 아닙니다. 이곳은 아주 오래전 달이 처음 만들어졌을 때 용암이 흐르고 있었지만 지금은 모두 굳어져 거대한 평원을 이루고 있지요.

달에서 밝게 빛나는 부분은 높은 산들이 있는 곳입니다. 이 곳은 달의 고지입니다.

달은 온통 구멍투성이이지요? 이 구멍은 달과 운석들이 충돌하여 생긴 것으로, 크레이터라고 부릅니다. 운석이란 우주를 떠돌아다니는 소행성들을 말하지요.

달에는 수많은 크레이터들이 있습니다. 가장 큰 크레이터는 지름이 295km이고 깊이는 4km나 되지요. 크레이터의 바닥은 평평하고 가장자리는 뾰족하게 솟아오른 모양입니다.

크레이터는 달의 고지에 많습니다. 높은 곳이 운석들과 더 부딪히기 쉽기 때문이겠죠.

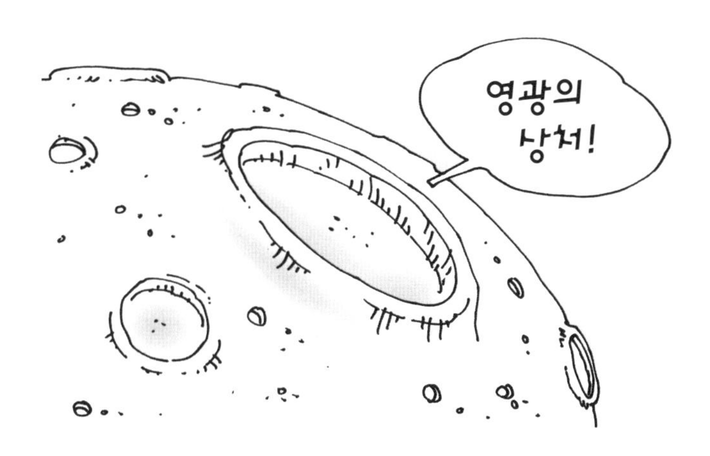

달에 크레이터가 많은 이유

지구에는 크레이터가 많지 않은데 달에는 왜 크레이터가 많을까요? 그것은 달에 대기가 없기 때문입니다. 지구에도 수많은 운석들이 떨어집니다. 하지만 지구는 두꺼운 대기를 가지고 있어 대부분의 운석들은 대기권과의 마찰에 의해 불타 버리지요.

밤하늘에 보이는 별똥별들은 바로 운석들이 대기권으로 들어오면서 타는 장면입니다.

실험을 통해 달에 크레이터가 많은 이유를 알아봅시다.

암스트롱은 케이크를 향해 종이 공을 힘껏 던졌다. 종이 공과 부딪힌 자국이 케이크에 만들어졌다.

케이크에 크레이터가 생겼지요? 종이 공을 운석, 케이크를 달의 표면이라고 생각해 봐요. 달에는 대기가 없으니까 운석들이 아주 빠른 속도로 달 표면에 충돌하겠지요? 그래서 달에는 크레이터가 많이 생긴답니다.

암스트롱은 새로운 케이크를 준비하고 종이 공에 불을 붙인 뒤 케이크 위로 떨어뜨렸다. 활활 타 버린 종이 공은 재가 되어 케이크 위에 떨어졌다. 하지만 재는 케이크에 충돌 구멍을 만들지 못했다.

바로 이 과정이 지구에 크레이터가 없는 이유를 잘 보여 줍니다. 대부분의 운석들은 대기권에 들어오면서 공기와 충돌하여 타 버리지요. 그래서 지구에는 달처럼 운석 구덩이들이 많이 생기지 않는답니다.

달 표면에 고운 모래가 많은 이유

달 표면에는 고운 모래와 먼지가 많습니다. 이것은 바로 운석들과의 충돌에 의해 큰 바위들이 부서졌기 때문이지요. 하지만 달에 모래만 있는 것은 아닙니다. 운석들과 충돌하지 않은 바위들도 있으니까요.

__그렇다면 달의 바위들은 어떻게 생겨난 것인가요?

달의 바위들은 달이 처음 만들어졌을 때 용암이 식어 생긴 것입니다. 그래서 달에는 검은색을 띠는 현무암과 비슷한 바위들이 많습니다. 하지만 지구의 바위처럼 물이 흐른 흔적이나 화석 같은 것은 발견할 수 없습니다. 이 말은 달에는 생물이 살았던 적도 없고, 물이 흘렀던 적도 없다는 것을 뜻합니다.

__달은 왠지 외로울 것 같아요.

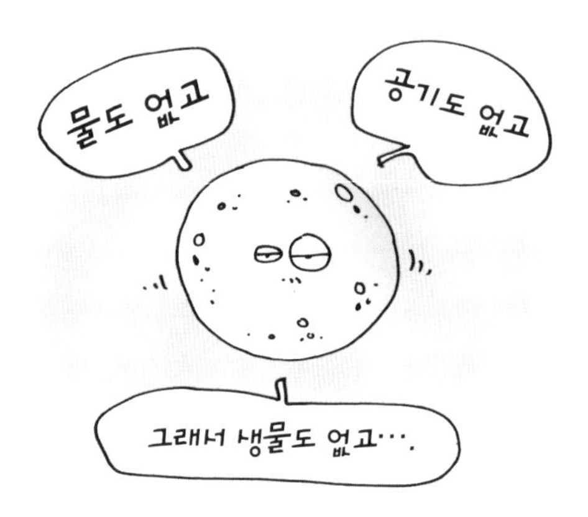

달은 어디에서 왔을까?

달은 어떻게 만들어졌을까요? 달의 기원에 대해서는 4가지 이론이 있습니다.

첫 번째 이론은 분리설로, 지구가 처음 만들어졌을 때 아주 빠르게 돌다가 일부 덩어리가 떨어져 나가 달이 되었다고 생

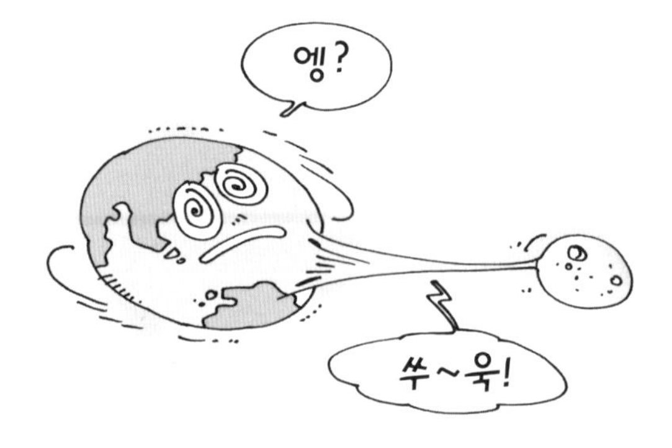

각한 것입니다.

두 번째 이론은 포획설로, 달이 태양계가 아닌 다른 곳에서 만들어졌다가 지구의 중력에 붙잡혀 지구 주위를 돌게 되었다고 주장하는 것입니다.

세 번째 이론은 동시 탄생설로, 지구와 달이 거의 같은 시기에 만들어졌다는 것입니다.

네 번째 이론은 충돌설로, 거대한 충돌로 달이 생겼다는 최근의 이론입니다. 처음 지구는 달을 가지고 있지 않았는데 화성만 한 천체가 지구에 스치듯 충돌하여 지구 바깥쪽에 있는 가벼운 물질이 뜯겨 나가 달을 만들었다는 이론입니다.

그러나 아직까지는 달을 구성하는 물질이나 내부 조사가 충분히 이루어지지 않아 정확한 기원을 밝혀내지 못하고 있습니다.

만화로 본문 읽기

선생님, 달에는 크레이터가 왜 이렇게 많나요? 지구에는 없잖아요.
그것은 달에 대기가 없기 때문이에요.

지구는 두꺼운 대기를 가지고 있어서 지구로 날아오는 대부분의 소행성들은 대기권과의 마찰에 의해 타 버리지요.
밤하늘의 별똥별이 바로 그런 소행성들인거죠?

그래요. 그리고 이걸 보세요.
앗! 뭐 하시는 거예요?

바로 이것이 지구에 크레이터가 없는 이유를 보여 주는 것이지요. 대부분의 소행성들은 대기권에 들어오면서 공기와 충돌하여 타 버리니까요.

하지만 케이크에 종이 공을 던지면 어떻게 될까요?
종이 공과 부딪힌 자국이 생기겠지요.

케이크에 크레이터가 생겼지요? 종이 공을 소행성, 케이크를 달의 표면이라고 생각해 보세요. 대기가 없는 달은 소행성들이 달 표면에 충돌을 하기 때문에 크레이터가 많이 생긴 거예요.
그렇군요. 그런데 케이크가 망가져 버렸네요….

마 지 막 수 업

아폴로 이야기

아폴로 11호는 최초로 달에 사람을 착륙시켰습니다.
달 탐험의 역사에 대해 알아봅시다.

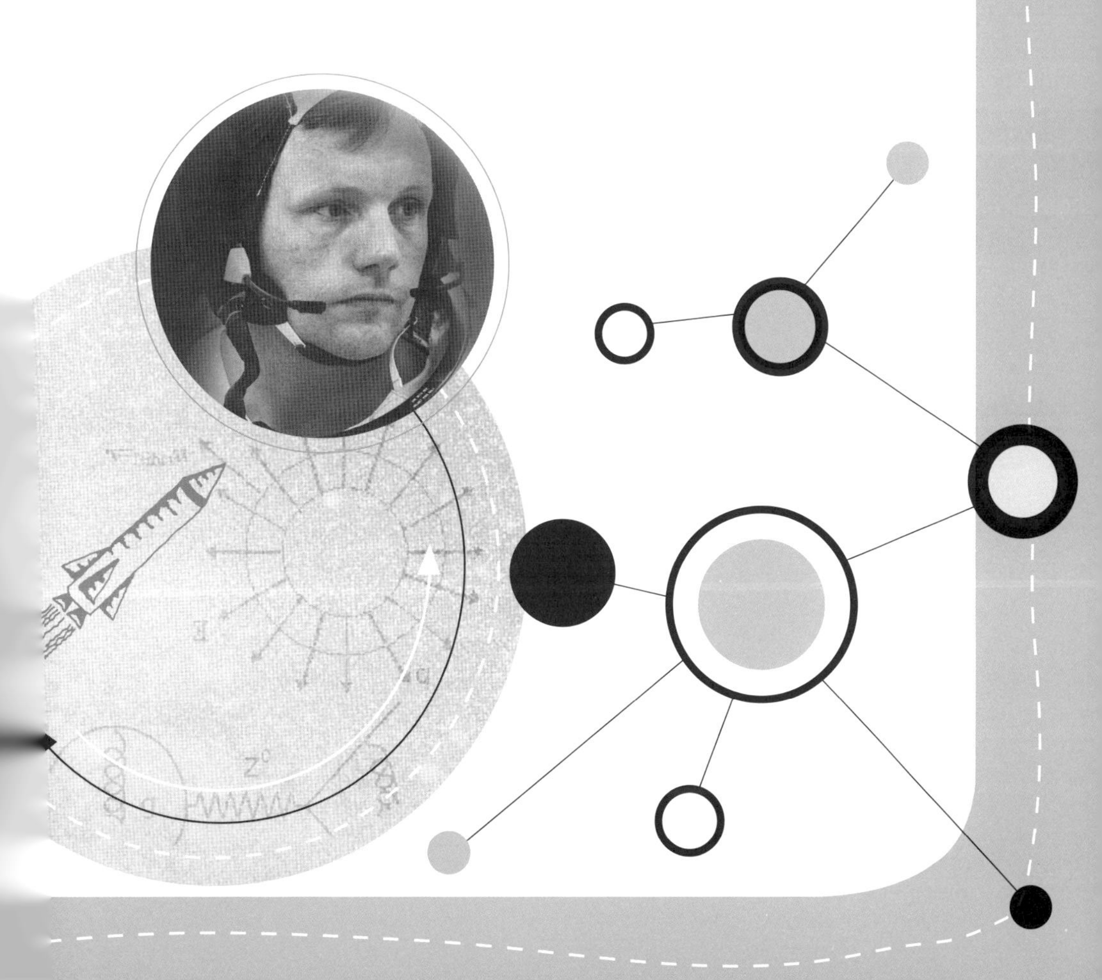

8

마지막 수업

아폴로 이야기

교과연계		
교.	초등 과학 5-2	7. 태양의 가족
과.	중등 과학 2	3. 지구와 별
연.	고등 과학 1	5. 지구
계.	고등 지학 Ⅰ	3. 신비한 우주
	고등 지학 Ⅱ	4. 천체와 우주

암스트롱이 공과 풍선을 가져와서 마지막 수업을 시작했다.

로켓의 원리

달로 가기 위해서는 로켓을 이용해야 합니다.

암스트롱은 공을 천천히 위로 던졌다. 공은 조금 위로 올라가다가 떨어졌다.

위로 올라간 물체는 지구의 중력 때문에 다시 아래로 내려옵니다. 좀 더 빨리 던지면 어떻게 될까요?

암스트롱은 공을 아주 빠르게 위로 던졌다. 공은 아주 높이 올라갔지만 다시 아래로 떨어졌다.

좀 더 높이 올라가긴 했지만 결국 지구의 중력 때문에 아래로 떨어지는군요.

그렇다면 우리는 지구를 빠져나갈 수 없을까요?

그렇지는 않습니다. 만일 물체를 아주 빠르게 던지면 물체는 지구를 빠져나갈 수 있습니다. 이 속도를 지구 탈출 속도라고 부르는데, 그 값은 초속 11km 정도입니다. 즉, 우리가

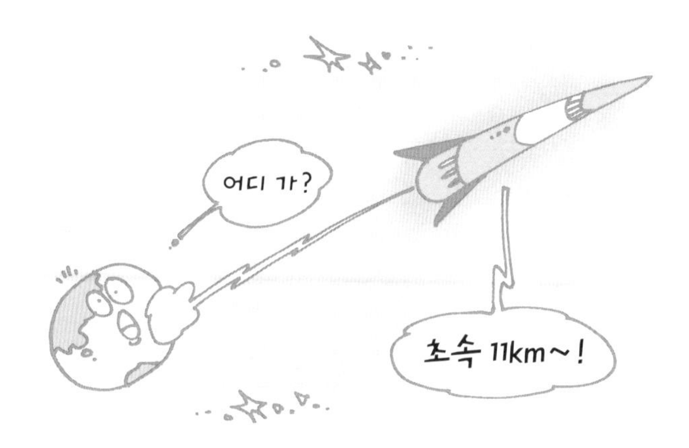

지구를 떠나기 위해 만드는 로켓은 초속 11km 이상의 속력을 낼 수 있어야 합니다.

물론 우리는 이런 속력으로 날아가는 로켓을 만들 수 있습니다. 그렇다면 로켓의 원리는 무엇일까요?

암스트롱은 풍선을 크게 불었다가 놓았다. 풍선에서 공기가 빠지면서 앞으로 날아갔다.

풍선이 앞으로 날아갔지요? 이것이 바로 로켓의 원리입니다. 풍선 속의 공기가 밖으로 배출되면서 바깥의 공기들이 그 반작용으로 풍선을 밀게 됩니다. 바로 이 반작용에 의해 풍선은 앞으로 날아갑니다.

로켓도 마찬가지입니다. 로켓도 연료를 밖으로 배출하면서 그 반작용으로 점점 빨라져 달까지 갈 수 있지요.

달까지 가기 위해서는 많은 연료가 필요합니다. 하지만 기체 연료는 부피를 많이 차지하기 때문에 액체 연료를 채워야 합니다. 로켓의 주 연료는 액체 산소와 액체 수소입니다. 로켓 안에서 산소와 수소를 반응시켜 수증기를 만들어 내고 그 수증기를 밖으로 밀어내서 그 반작용으로 로켓은 점점 빨라지게 되지요.

미국과 소련의 우주 경쟁

제2차 세계 대전이 끝난 뒤 미국과 구(舊)소련은 우주 여행에 대한 경쟁을 시작했습니다. 우주에 먼저 첫발을 내디딘 나라는 구소련이었지요.

1957년, 구소련은 최초의 인공위성인 스푸트니크 호를 쏘아 올리는 데 성공했습니다. 그 뒤 구소련은 개를 태운 위성을 우주로 보냈습니다. 그러나 불행히도 이 위성은 지구로 돌아오는 도중 불타 버렸지요. 그리고 구소련의 활약에 충격을 받은 미국에서도 위성을 쏘아 올려 지구를 찍는 데 성공했습니다.

그러자 구소련은 달을 향해 루니크라는 이름의 로켓을 쏘아 올렸습니다. 하지만 궤도 계산이 잘못된 탓에 이 로켓은 달로 가지 못하고 태양의 인력에 붙잡혀 태양의 주위를 도는 인공 행성이 되었습니다.

구소련은 루니크 2호를 쏘아 올려 달의 궤도에 가까이 가는 데 성공하고, 1959년에는 루니크 3호를 달로 보내 달의

주위를 돌게 하는 데 성공했습니다. 루니크 3호는 처음으로 달의 뒷모습을 사진 촬영하는 데 성공했지요.

하지만 이때까지는 사람을 태운 우주 비행이 아니었습니다. 우주 비행에 성공한 최초의 우주인은 구소련의 가가린(Yury Gagarin, 1934~1968)입니다.

1961년, 가가린이 탄 로켓이 최초로 유인 우주 비행에 성공했지요. 이때까지만 해도 미국과 구소련의 우주 경쟁은 구소련이 훨씬 앞서 가는 분위기였습니다.

가가린 이후에도 구소련은 많은 유인 우주 비행에 성공했고, 심지어 최초의 여자 우주인도 탄생시켰습니다.

그 뒤로도 구소련은 우주선 밖에서 우주복을 입은 사람이 20분 동안 유영하는 데 성공했지요.

달에 처음으로 로켓이 착륙한 것 역시 구소련의 무인 우주

과학자의 비밀노트

한국 최초의 우주인, 이소연

2006년 4월, 대학원 실험실에 배달된 신문의 '우주인 모집 공고'를 본 이후 이소연 씨의 삶은 달라졌다. 결국 그녀는 36,000:1의 경쟁을 뚫고 2008년 4월 8일부터 11일간, 지상에서 400㎞ 떨어진 우주 정거장에 머물게 되는 한국 최초의 우주인이 된 것이다.

그녀는 우주 공간에서 세수하는 방법, 양치질하는 방법, 종이에 글쓰기 등 여러 가지 우주 생활을 공개하여 우주인을 꿈꾸는 이들의 궁금증을 해결해 주었다.

선 루나 4호였습니다. 우주 개발에서 미국은 구소련과 비교해 많이 밀리는 분위기였지요. 하지만 미국은 달에 인간을 착륙시키려는 계획을 포기하지 않았고, 구소련은 무인 우주선을 이용하여 금성이나 화성을 개척하려고 했지요.

아폴로 우주선

구소련이 유인 우주 비행의 선구자였지만 결국 달에 인간을 최초로 착륙시킨 것은 미국이었습니다. 물론 내가 달에 첫발을 내디딘 사람이 되었지요.

그럼 이제 나와 동료들이 달에 처음 착륙하고 돌아온 얘기를 들려줄게요.

아폴로 11호는 나와 올드린(Buzz Aldrin, 1930~)과 콜린스(Michael Collins, 1930~), 세 사람을 태우고 1969년 7월 16일 오후에 발사되었습니다.

발사된 지 11분 30초 뒤 아폴로 11호는 지구를 2바퀴 돌았습니다. 그리고 발사 뒤 2시간 50분 후에 속도를 높여 달을 향했습니다. 발사된 지 4일째인 7월 20일 오전, 우주선은 달의 뒷면에 가까이 다가가서 달의 주위를 돌기 시작했습니다.

달 주위를 13바퀴나 돈 뒤 나와 올드린은 착륙선에 옮겨 타고 콜린스는 사령선에 남았습니다. 그 후 우주선과 분리된 착륙선은 서서히 낙하하여 달에 착륙하는 데 성공했습니다. 우리는 잠시 휴식을 취한 뒤 우주복으로 갈아입고 착륙선의 해치를 열어

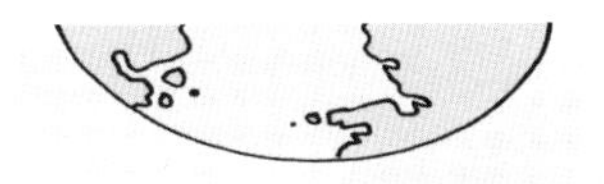

달 표면에서 위대한 첫 발걸음을 떼었습니다.

나는 처음에 조심스럽게 달 표면을 걸어 다녔지만, 조금 뒤에는 달의 중력에 익숙해져 캥거루처럼 깡충깡충 뛰면서 걸어 다닐 수 있었습니다.

나와 올드린이 달에 대한 탐사를 모두 마치고 다시 착륙선으로 돌아왔고, 우리가 탄 착륙선은 달을 출발해 콜린스가 타고 있는 사령선과 도킹(우주 공간에서 서로 결합함)하여 사령선으로 옮겨 탔지요.

우리는 착륙선을 떼어내고 지구로 향했습니다. 그리고 우리가 지구에 착륙한 것은 발사한 지 8일 3시간 18분 뒤인 7월 25일 오후였습니다.

우리가 달을 다녀온 뒤로도 아폴로 우주선은 1972년까지

미국의 우주인들을 달로 보내 달에 대한 많은 조사를 수행했습니다. 하지만 1972년, 미국은 비용이 너무 많이 든다는 이유로 아폴로 계획을 전면 포기하기로 결정했지요. 그래서 애석하게도 1972년 이후로 유인 우주선이 달에 간 적은 단 한 번도 없답니다.

만화로 본문 읽기

저 깃발은 내가 1969년, 인류 최초로 달에 왔을 때 꽂은 깃발이죠. 하지만 인류 최초로 우주에 첫발을 내디딘 사람은 구소련의 가가린이었답니다.
가가린이요?

USSR
제2차 세계 대전 이후 구소련과 미국은 우주 경쟁을 하기 시작했죠. 그 시작은 구소련이었는데 1957년에 최초의 인공위성인 스푸트니크 호를 쏘아 올리는 데 성공했지요.

그리고 1961년, 가가린이 탄 로켓이 최초로 유인 우주 비행에 성공했지요. 게다가 달 탐사선을 연달아 쏘아 올리는 것에 성공해 미국은 구소련에 비해 많이 밀리는 분위기였어요.
지구는 푸른빛이었다.

USA
하지만 미국은 달에 인간을 착륙시키려는 계획을 포기하지 않았지요. 마침내 아폴로 11호는 나와 올드린, 콜린스를 태운 채 발사되었습니다.
무사히 도착하셨나요?

발사된 지 4일째 되던 날 우주선과 분리된 착륙선까지 달 위에 착륙하는데 성공하게 됩니다. 감격의 순간이었죠.
와~!

그때는 정말 대단한 사건이었죠.
이것은 한 인간에 있어서는 작은 한 걸음이지만, 인류 전체에 있어서는 위대한 약진이다.

부 록

알라딘 볼, 달의 공주를 구하라!

이 글은 저자가 창작한 과학 동화입니다.

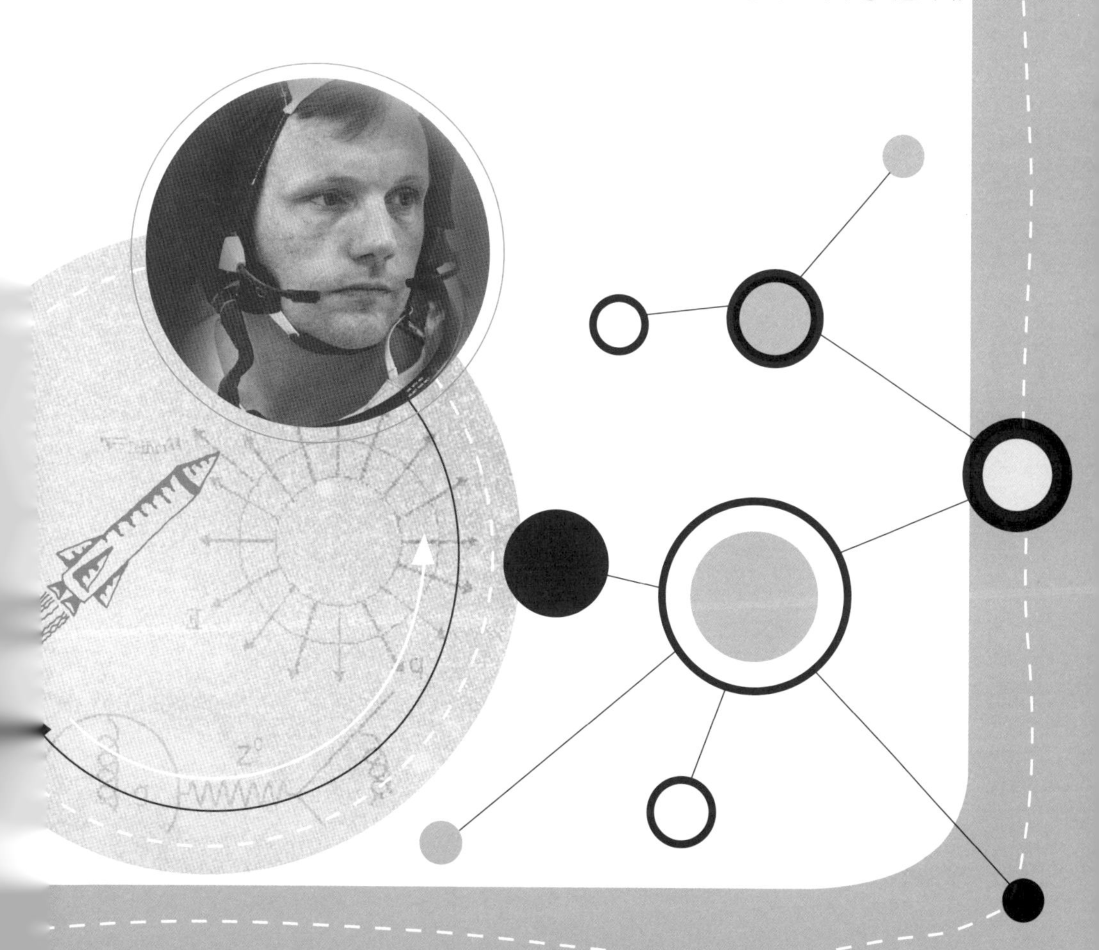

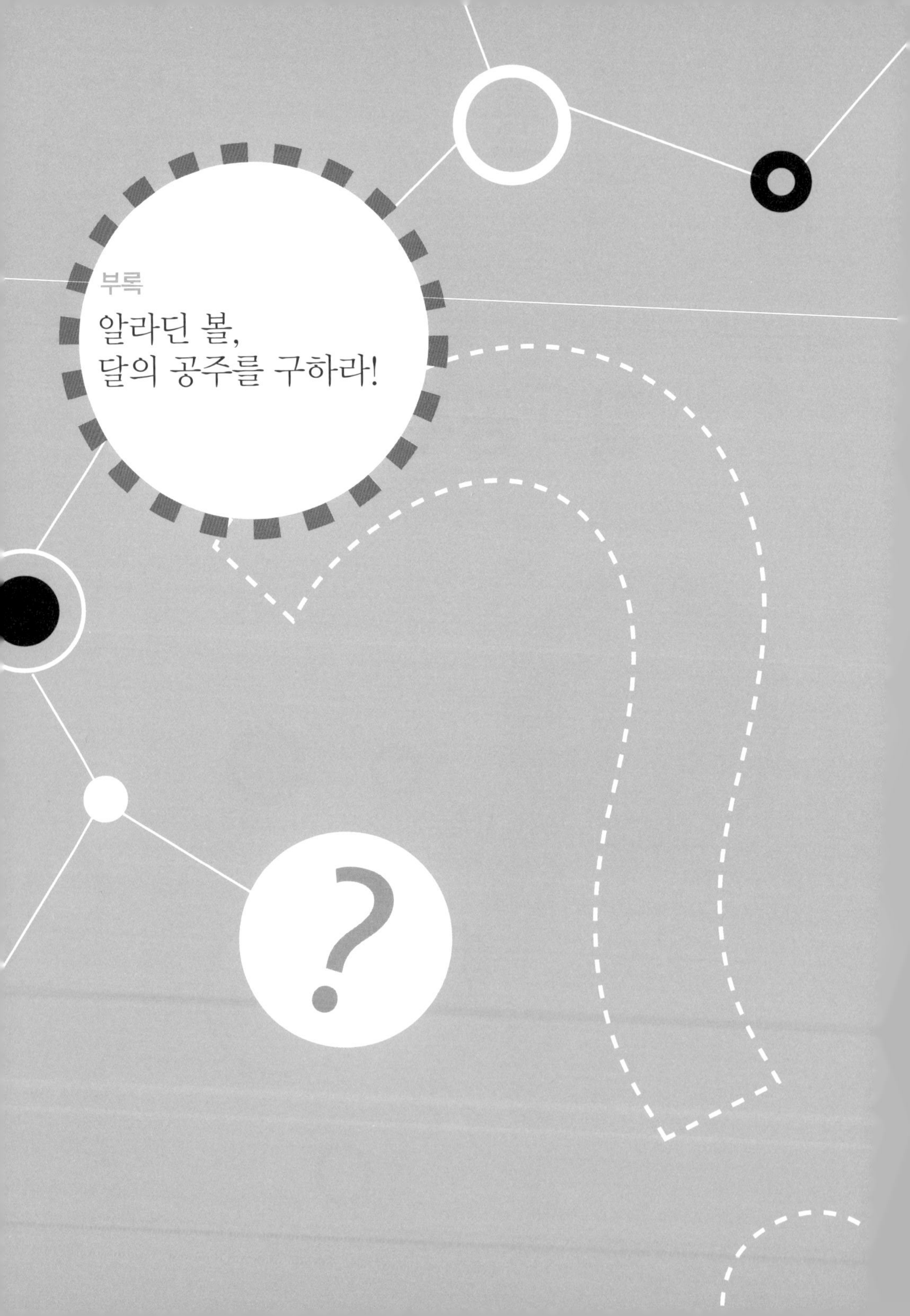

부록

알라딘 볼, 달의 공주를 구하라!

내 이름은 알라딘 볼입니다.
나는 둥그런 공 모양이지요.

사람들은 나를 공 인형으로 알고 있어요. 하지만 단순한 공으로 생각하지 마세요. 나는 많은 기능을 가지고 있으니까요. 나의 여러 가지 기능은 차차 보게 될 거예요.

먼저 나의 주인을 소개해야겠군요. 바로 나를 만든 과학 천재 소년 사이언입니다. 사이언은 12살 때 과학 박사가 된 착하고 용감한 천재 소년입니다.

또 1명의 친구가 있습니다. 바로 엉뚱 소녀 하니입니다. 모든 일에 덜렁대는 하니는 사이언을 좋아하는 명랑하고 쾌활한 소녀로, 과학보다는 멋 부리는 데 관심이 더 많습니다.

사이언과 하니는 같은 집에서 살고 있습니다. 무역업을 하는 사이언과 하니의 부모님이 다른 나라에서 일을 하고 계시기 때문입니다. 그래서 사이언과 하니는 어릴 때부터 거의 함께 지냈지요. 요즈음 두 사람은 내가 있어 심심하지 않답니다.

우리는 노벨 탐험대를 결성했어요. 이제 우리들은 모험과 신비의 세계로 탐험을 떠나게 될 거예요. 과학 천재 사이언과 엉뚱 소녀 하니, 그리고 나와 함께하는 멋진 모험의 세계를 즐겨 보세요.

*

사이언은 방에서 인터넷 검색을 하고 있습니다. 하니는 거실 소파에 편하게 앉아서 만화 영화를 보고 있습니다.

"히히! 저것 봐, 알라딘 볼! 무지무지 웃기지?"

하니가 알라딘 볼에게 물었습니다. 하지만 알라딘 볼은 대꾸하지 않았습니다. 아침에 하니가 알라딘 볼을 이리저리 굴리면서 놀았기 때문입니다. 알라딘 볼은 공 취급당하는 것을 가장 싫어하거든요. 알라딘 볼은 자신이 지능 높은 로봇이란 것에 자부심을 느끼고 있답니다.

"알라딘 볼, 화난 거야?"

하니가 물었습니다.

"너하고는 말 안 해."

알라딘 볼이 퉁명스럽게 대답했습니다. 알라딘 볼이 화가 많이 났나 봅니다. 그러나 하니는 아랑곳하지 않고 만화 영화를 보면서 낄낄거립니다.

"모두 모여 봐!"

사이언의 목소리입니다. 사이언은 무언가가 적힌 종이를 들고 거실로 나왔습니다.

"달에 가 봐야겠어."

"갑자기 왜?"

알라딘 볼이 눈을 크게 뜨고 물었습니다.

"달에서 편지가 왔어."

"어떤 내용인데?"

사이언은 알라딘 볼에게 편지를 보여 주었습니다.

존경하는 과학 천재 사이언 박사에게

저는 피스문 왕국의 여왕입니다.

우리 피스문 왕국 국민들은 지구에서 만든 인공 지능을 가진 로봇입니다. 우리는 달에 정착한 이래로 오랫동안 착하게 살아왔지요.

그런데 어느 날 지구에서 바이스 박사라는 사람이 로켓을 타고 와서 테러 공화국을 만들었어요. 그는 문스터 족이라고 부르는 복제 로봇을 만들어 평화롭던 우리 피스문 왕국을 괴롭히고 있답니다. 또 그들은 나의 하나뿐인 딸, 세라 공주를 납치해 갔습니다.

문스터는 거대한 거미 모양으로 생겼는데, 하늘을 날 수도 있고 땅속으로 들어갈 수도 있으며 엄청난 파괴력을 지닌 로봇입니다.

우리에게는 문스터 족을 상대할 만한 힘이 없습니다.

스페이스 네트워크를 통해 당신이 우주 최고의 과학자라는 것을 알게 되었습니다. 우리 피스문 왕국의 평화를 다시 찾

기 위해 당신의 능력이 필요합니다.

도와주세요, 제발.

피스문 왕국의 페리문 여왕 보냄.

"모두 준비해. 당장 달로 가야겠어."

사이언이 말했습니다.

"달에 여행 가는 거야? 와, 신난다!"

만화 영화를 보고 있던 하니가 말했습니다.

"우린 놀러 가는 게 아니야."

사이언이 하니를 꾸짖었습니다. 하지만 엉뚱 소녀 하니는 처음으로 달을 가 본다는 생각에 들떠 있었습니다.

"우주선으로 변신!"

사이언이 알라딘 볼에게 소리쳤습니다. 그러자 알라딘 볼의 모습이 풍선처럼 부풀어 오르더니 귀가 날개로 변했습니다.

"알라딘 볼이 우주선으로 변신했네."

하니가 큰 소리로 말했습니다.

알라딘 볼은 반원 모양의 입을 벌렸습니다.

"빨리 타!"

사이언과 하니는 알라딘 볼의 입속으로 들어갔습니다. 그 안은 우주선의 내부나 다름없었습니다. 알라딘 볼의 눈은 밖을 볼 수 있는 유리창이었고, 수많은 버튼이 있는 조종석도 마련되어 있었습니다.

"3, 2, 1, 파이어!"

알라딘 볼이 힘차게 날아오르더니 어느 틈에 대기권을 벗어났습니다. 창밖으로 푸르게 빛나는 지구가 보이자 알라딘 볼이 기계음으로 지구에 대한 설명을 덧붙였습니다.

알라딘 볼은 기계음을 싫어합니다. 자신은 로봇이 아니라 사이언이나 하니와 같은 생명체라고 생각하니까요. 하지만 가끔 진지한 설명을 할 때는 차가운 기계음을 낸답니다.

사이언과 하니는 우주선 안에서 둥둥 떠다닙니다.

"꼭 잠수부가 된 것 같아."

하니가 두 팔을 저으며 말했습니다.

"사이언, 우유 마시고 싶어!"

하니가 소리쳤습니다.

"냉장고에서 꺼내 먹어."

사이언이 조종실 쪽으로 둥둥 떠가면서 말했습니다. 하니는 오른쪽 벽에 붙어 있는 냉장고로 가서 병 우유 2개를 꺼내 사이언이 있는 조종실 쪽으로 갔습니다. 그러고는 사이언에게 우유 하나를 건네주었습니다.

"음! 우주에서 마시는 신선한 우유!"

하니는 혼잣말로 중얼거리며 우유병을 열었습니다. 그러고는 우유병을 거꾸로 들어서 입에 가져다 대었지만 웬일인지 우유는 한 방울도 흘러내리지 않았습니다.

"그런 방법으론 절대 못 마셔."

사이언이 키득거리며 참견했습니다.

"이상하다. 분명히 우유가 가득 들어 있는데……. 왜 그런 거지?"

하니는 우유병 속을 자세히 들여다보았습니다. 분명히 우유는 가득 들어 있었습니다.

"우주선 안은 중력이 없어서 우유 알갱이가 아래로 떨어지지 않아."

"에잇! 병 속에 우유가 있는데도 못 마시다니."

하니는 속이 상해 우유를 힘껏 던졌습니다. 하지만 우유는 바닥에 떨어지지 않고 공중에 둥둥 떠다녔습니다.

"여기선 실수로 물건을 떨어뜨려도 상관없겠네. 어차피 안 떨어질 테니까 말이야."

하니가 말했습니다.

"하니! 우유 먹는 방법을 가르쳐 줄까?"

사이언이 둥둥 떠다니는 우유를 한 손으로 잡고 하니에게 다가와 말했습니다.

“어떻게?”

“손가락으로 긁어서 먹으면 돼.”

“우유를 손가락으로 긁는다고? 말도 안 돼.”

하니는 사이언의 말을 믿을 수 없었습니다.

사이언은 우유병을 열어 입 가까이에다 대고 손가락으로 우유를 긁었습니다. 그러자 우유 알갱이들이 튀어나와 사이언의 입 안으로 들어갔습니다. 하니는 신기한 듯 바라보았습니다.

“하니, 너도 해 봐!”

사이언이 큰 소리로 말했습니다.

사이언의 말을 들은 하니는 우유를 손가락으로 긁었습니다. 하지만 우유 알갱이들은 하니의 입으로 들어가지 않고 잘게 부서져 둥둥 떠다녔습니다.

"이게 뭐야?"

하니가 화가 나서 소리쳤습니다.

"조금씩 긁었어야지."

사이언이 웃으며 말했습니다.

"하니야, 우리 재미있는 놀이 할까?"

"뭔데?"

"물고기 놀이."

"어떻게 하는 거지?"

"우리가 가지고 있는 우유를 모두 긁어내는 거야. 그럼 우유 알갱이들이 여기저기 떠다니겠지? 우린 물고기처럼 입을 벌리고 우유 알갱이들을 먹어 치우면 되는 거야."

"정말 재미있겠다. 큰 물고기가 입을 벌리고 작은 물고기를 먹는 것 같을 거야."

사이언의 말에 하니는 맞장구를 쳤습니다.

두 사람은 병 속의 우유를 모두 긁어냈습니다. 우주선 안은 여기저기 떠다니는 우유 알갱이들로 가득 찼습니다. 두 사람은 입을 벌리고 우유 알갱이를 먹어 치웠습니다.

"이렇게 먹으니까 정말 맛있어."

하니가 신이 나서 소리쳤습니다. 두 사람은 좀 더 많은 우유 알갱이를 먹으려고 열심히 몸을 움직였습니다. 이제 우주선 안의 우유 알갱이도 몇 개 남지 않았습니다. 두 사람은 커다랗게 뭉쳐 있는 우유 알갱이를 향해 동시에 달려들었습니다. 순간 두 사람의 입술이 닿고 말았습니다.

"사이언, 뭐 하는 짓이야!"

하니가 목에 힘을 주어 말했습니다.

"어……. 그러니까…… 그러려고…… 한 건…… 아니야. 미안해, 하니야."

사이언은 얼굴이 빨개져 말을 얼버무렸습니다.

"아이, 피곤해."

하니가 하품을 했습니다.

"이제 자야겠어."

사이언도 따라서 하품을 했습니다.

"이렇게 둥둥 떠다니면서 자라고?"

"그럴 순 없지."

"그럼 어떡해? 중력이 없어 내려갈 수가 없잖아?"

"몸을 벨트로 고정시키면 돼."

사이언은 하니를 바닥에 벨트로 묶어 고정시키고 천장으로 올라갔습니다.

"사이언! 넌 어디서 자려고?"

"나는 천장에서 잘게."

사이언이 자신 있게 대답했습니다.

"파리도 아니고 어떻게 천장에서 잔다는 거지?"

하니는 이상한 생각이 들었습니다. 하지만 사이언은 천장으로 날아올라 벨트로 자신의 몸을 묶었습니다.

"뭐야? 서로 마주 보고 자는 거야? 그러지 말고 사이언 너도 아래로 내려와서 자."

하니가 천장에 매달려 아래를 내려다보는 사이언을 보고 소리쳤습니다.

"누가 아래인지 어떻게 알아? 중력이 없는 곳에서는 위아래라는 게 없어. 내 눈에는 네가 천장에 매달려 있는 것 같은데?"

사이언이 이렇게 말하는 순간 알라딘 볼이 반 바퀴 회전했습니다. 사이언의 말대로 사이언과 하니의 위치가 바뀌어 버렸습니다.

"어랏! 내가 위로 왔어."

하니가 신기한 듯 소리쳤습니다. 사이언은 대답이 없었습니다. 이미 잠들어 버렸기 때문입니다.

따르르릉.

자명종 소리에 두 사람은 눈을 떴습니다.

두 사람은 벨트를 풀고 조종실로 날아갔습니다.

"저길 봐!"

하니가 유리창을 가리켰습니다.

"달이야!"

사이언이 말했습니다.

"저 구멍 투성이 천체가 달이라고?"

하니가 실망스런 눈빛으로 말했습니다.

"구멍은 운석이 충돌해서 생긴 거야."

"달이 불쌍해. 저렇게 큰 구멍이 날 정도면 많이 아팠겠다."

하니는 금세라도 울음을 터뜨릴 것 같았습니다. 하니의 착

한 마음에 사이언은 감동을 받았습니다.

달의 운석 구덩이가 점점 더 커 보이기 시작했습니다.

"달에 충돌할 것 같아."

하니는 무서운지 두 손으로 눈을 가렸습니다.

"이제 착륙을 준비해야 해."

사이언이 하니에게 말했습니다.

"어떻게?"

"알라딘 볼의 입 밖으로 나가야 해. 너는 왼쪽 문으로 가! 나는 오른쪽 문으로 갈 거야. 내가 하나, 둘, 셋을 외칠 때 빨간 버튼을 누르면 돼."

두 사람은 각자의 위치로 갔습니다.

"하나, 둘, 셋!"

사이언이 소리쳤습니다. 문이 열리면서 두 사람은 알라딘 볼의 입 밖으로 튕겨 나갔습니다.

"으악! 사람 살려!"

하니가 비명을 질렀습니다.

알라딘 볼의 날개가 기다란 팔로 변해 두 사람을 붙잡았습니다.

알라딘 볼의 머리에서 2개의 호스가 나와 두 사람의 입에 연결되었습니다. 여전히 알라딘 볼은 무서운 속도로 달에 추

락하고 있었습니다.

"어떡해! 부딪치겠어. 이 호스는 왜 답답하게 입에 붙어 버린 거야. 호스를 떼어 내고 싶어."

하니가 소리쳤습니다.

"안 돼! 떼어내면 죽어. 달에는 공기가 없단 말이야. 그 호스를 통해 산소를 마시지 않으면 숨을 쉴 수 없다고."

사이언이 다급하게 말했습니다.

잠시 뒤 알라딘 볼이 점점 작아지더니 머리에서 프로펠러가 나타났습니다. 그리고 알라딘 볼은 천천히 달 표면을 향해 내려가기 시작했습니다.

"낙하산을 타는 기분이야."

하니가 마음의 안정을 되찾은 듯 환한 웃음을 지으며 말했습니다. 공중에서 바라보는 달 표면은 고요했습니다.

그때였습니다.

갑자기 거대한 거미 모양으로 생긴 괴물이 두 사람 앞에 나타났습니다.

"왕거미야."

하니가 무서워서 소리쳤습니다.

"문스터야. 다리가 8개인 변종 절지동물이지. 아주 난폭한 성격이니까 조심해."

사이언이 침착하게 말했습니다.

문스터는 6개의 다리로 알라딘 볼을, 나머지 2개의 다리로 사이언과 하니를 휘감았습니다. 하니와 사이언은 몸이 점점 조여지는 것을 느꼈습니다.

"배가 터질 것 같아."

하니가 고통스러워했습니다.

"조금만 참아. 알라딘 볼이 도와줄 거야."

사이언이 문스터의 발을 잡아당기며 말했습니다.

"알라딘 볼, 전기 충격 장치를 작동해!"

사이언이 소리쳤습니다. 알라딘 볼의 몸에서 강한 전기가 흘렀습니다. 전기 쇼크를 받은 문스터는 휘감았던 다리를 풀

고 도망쳤습니다.

"휴! 다행이야."

하니가 안도의 한숨을 쉬었습니다.

"빨리 피스문 왕국을 찾아가서 문스터를 물리칠 대책을 마련해야 해."

사이언이 말했습니다.

문스터의 공격에서 벗어난 하니와 사이언은 알라딘 볼의 두 팔에 매달려 천천히 달 표면에 착륙했습니다.

"하니, 사이언, 산소통 받아!"

알라딘 볼은 두 사람에게 산소통을 던져 주었습니다. 달에는 산소가 없기 때문이지요.

하니는 달 표면에 첫발을 내딛었습니다. 순간 몸이 공중으로 높이 떠올랐다가 바닥으로 내려왔습니다.

"왜 이렇게 몸이 가볍지?"

하니가 신기해 하는 표정으로 말했습니다.

"중력이 작아서야. 지구에서와 같은 힘을 작용해도 달에서는 중력이 작으니까 더 높은 곳까지 올라갈 수 있는 거야."

"그렇다면……."

하니는 갑자기 말을 하다 말았습니다. 그러고는 알라딘 볼에게 말했습니다.

"알라딘 볼, 농구 골대를 만들어 줘!"

"알았어."

알라딘 볼이 말했습니다.

알라딘 볼의 머리에서 농구 골대가 올라가고 입에서는 조그만 농구공이 튀어나왔습니다. 달에 길거리 농구장이 만들어진 것입니다.

하니는 농구공을 바닥에 몇 번 튀기더니 골대 앞에서 공을 두 손으로 잡고 튀어 올랐습니다.

덩크슛!

하니는 태어나서 처음으로 덩크슛을 성공시켰습니다.

하니는 뛸 듯이 기뻐했습니다.

사이언과 알라딘 볼도 박수를 치며 하니의 덩크슛을 축하해 주었습니다.

사이언과 하니 앞에는 긴 모래밭 길이 펼쳐져 있었습니다.

보이는 것은 온통 거대한 산과 모래밭뿐이었습니다.

"힘들어서 더 이상 못 걷겠어. 피스문 왕국은 보이지도 않잖아."

하니가 털썩 주저앉으며 말했습니다.

"지도상으로는 이 방향이 맞는데……."

사이언이 지도를 보면서 말했습니다.

"내 입속으로 들어와!"

알라딘 볼의 입이 점점 크게 열렸습니다. 두 사람은 알라딘 볼 속으로 들어갔습니다. 그러고 나자 알라딘 볼의 팔과 코가 볼 속으로 들어갔습니다. 완전한 공으로 변신한 것이죠.

알라딘 볼은 두 사람을 태우고 모래밭을 힘차게 굴러갔습니다.

"어휴, 어지러워. 완전히 다람쥐가 된 기분이군!"

볼 속에서 빙글빙글 돌고 있는 하니가 소리쳤습니다.

"그래도 다리는 안 아프잖아."

사이언도 빙글빙글 돌면서 말했습니다.

잠시 후 '쿵' 소리가 나더니 알라딘 볼이 멈춰 섰습니다. 순간 알라딘 볼의 벽에 붙어 돌고 있던 사이언과 하니가 바닥에 떨어졌습니다.

"알라딘 볼이 멈췄어."

하니가 말했습니다.

"뭔가와 부딪힌 것 같아. 나가 봐야겠어."

사이언은 입구로 가서 버튼을 눌렀습니다. 알라딘 볼의 입이 열리고 두 사람은 밖으로 나왔습니다. 알라딘 볼은 커다란 성문에 부딪혔던 것입니다.

"뭐지?"

하니가 눈을 크게 뜨고 물었습니다.

"피스문 왕국일 거야."

사이언이 대답했습니다. 두 사람은 문을 두들겨 보았습니다. 아무 응답도 없었습니다.

"알라딘 볼, 스페이스 네트워크를 연결해 줘!"

사이언이 말했습니다. 알라딘 볼의 눈, 코, 입이 사라지고 얼굴이 모니터로 변했습니다. 귀는 안테나처럼 위로 뾰족하게 올라갔습니다.

"알라딘 볼, 페리문 여왕과 연결해 줘!"

사이언이 알라딘 볼에게 명령했습니다.

알라딘 볼의 얼굴이 여러 색깔로 변하더니 잠시 뒤 아름다운 여자의 얼굴이 나타났습니다.

"우와, 신기하다! 달에서도 인터넷이 되다니."

하니가 신기한 듯 여왕의 얼굴을 바라보았습니다.

"도착하셨군요, 사이언 박사님. 요즘 들어 문스터 족의 침입이 심해져서 경비를 철저히 하느라고 무례를 범했습니다. 당장 성문을 열어 드리겠습니다."

페리문 여왕이 말했습니다.

잠시 후 벽이 움푹 들어가더니 구멍이 나타났습니다. 두 사람과 알라딘 볼은 그 구멍으로 들어갔습니다. 벽이 다시 원

래의 모양으로 변하면서 사이언과 하니, 알라딘 볼은 성안에 떨어졌습니다.

"죄송합니다. 성문에 방어벽을 설치했기 때문에 좀 불편하셨을 겁니다."

여왕이 미안해하며 사과했습니다.

두 사람은 조그만 문을 여러 개 열었습니다. 이내 궁궐이 나타났습니다. 궁궐은 핑크빛으로 눈부시게 빛나 매우 아름다웠습니다.

"알라딘 볼, 퀀텀 볼 위성을 띄워야겠어!"

사이언이 소리쳤습니다.

"알았어."

알라딘 볼이 대답했습니다.

알라딘 볼의 머리 뚜껑이 열리더니 조그만 볼 모양의 위성이 하늘로 올라갔습니다.

"저게 뭐죠?"

여왕이 눈을 반짝거리며 물었습니다.

"인공위성이에요. 적당한 높이까지 올라가서 빙글빙글 돌면서 달의 사진을 찍지요. 그리고 그 사진을 통해 문스터 족들이 어디 모여 있는지를 알 수 있지요."

사이언의 말에 이번에는 하니가 물었습니다.

"사진을 보낸다고?"

"퀀텀 볼은 사진 이미지를 전파로 바꾸어 알라딘 볼에게 보내는 거야. 그러면 알라딘 볼은 그 전파를 이미지로 다시 바꿔 얼굴에 나타나게 하는 거지."

사이언이 이렇게 말하고 있는 사이에 알라딘 볼의 귀가 위로 높이 올라갔습니다. 전파를 수신하기 위해서였습니다. 그리고 잠시 뒤 알라딘 볼의 얼굴이 모니터로 변하더니 달의 지도가 나타났습니다.

"움직이고 있는 점들은 뭐죠?"

여왕이 물었습니다.

"점 하나는 문스터 하나를 나타냅니다. 피스문 왕국에서 북 쪽으로 100km 떨어진 곳에 모여 있군요. 그곳이 그들의 아지트임에 틀림없어요."

"그곳은 테러 공화국의 수도인 무차미 궁이에요. 그곳에 바이스가 살고 있어요. 아마 거기에 내 딸 세라 공주가 갇혀 있을 거예요."

여왕은 금세라도 울음을 터뜨릴 것만 같았습니다.

"우선 문스터 족의 동태를 살피기로 합시다. 그런데 여긴 군사들이 모두 어디에 있나요?"

사이언이 주위를 두리번거리며 물었습니다. 사실 사이언은 성에 들어와서 군인을 1명도 못 봤기 때문입니다.

"우리 피스문 왕국은 평화를 사랑한답니다. 그래서 다른 사람들과 싸울 줄 몰라요. 그러니까 군대도 당연히 필요 없고, 그래서 우리 왕국엔 군인들이 없어요."

"그러나 세라 공주를 구출하려면 군대가 필요해요. 우리 세 사람의 힘만으로는 문스터 족을 물리칠 수 없어요."

"그렇다면 군대를 만들어 주세요."

여왕이 목소리에 힘을 주어 말했습니다.

다음 날부터 사이언은 피스문 왕국의 피그미 로봇들로 구성된 군대를 조직했습니다. 피그미 로봇은 온순한 개를 복제하여 만든 로봇입니다. 그래서 피그미 로봇은 얼굴은 개의 모습이지만 두 다리로 걸을 수 있습니다.

"군인치고는 너무 작은 거 아니야?"

키가 1m 남짓한 피그미 로봇을 쳐다보며 하니가 말했습니다.

"다른 로봇은 없잖아?"

사이언도 하니와 같은 생각이 들었습니다.

"알라딘 볼, 피그미 로봇을 훈련시켜!"

사이언이 알라딘 볼에게 명령했습니다.

그러자 알라딘 볼이 커지기 시작하더니 입이 길쭉하게 튀어나왔습니다. 그 입에서 수많은 총들이 쏟아져 나왔습니다. 알라딘 볼은 피그미 로봇들에게 총을 한 자루씩 나누어 주었습니다.

피그미 로봇의 사격 훈련이 시작되었습니다. 총을 한 번도 만져 본 적 없는 피그미 로봇들의 사격 솜씨는 형편없었어요. 과녁판으로 가는 총알은 거의 없고 여기저기로 총알이 비껴갔습니다.

"큰일이군!"

사이언이 한숨을 지으며 말했습니다.

그래도 다행인 것은 피그미 로봇이 말을 잘 듣고 성실하다는 점이었습니다. 하루가 다르게 피그미 로봇의 사격 솜씨는 좋아지기 시작했지요.

갑자기 알라딘 볼의 귀가 안테나로 변하더니 얼굴에 문스터 족의 모습이 나타났습니다.

"문스터 족이 쳐들어오고 있어."

하니가 소리쳤습니다.

"고요 랜드 쪽으로 오고 있군. 자, 우리 군대를 한번 시험해 봐야지."

사이언은 군대를 소집했습니다. 사이언과 하니는 알라딘 볼 위에 올라타고 피그미 로봇들은 그 뒤를 따랐습니다.

저 멀리 고요 랜드로 수백 명의 문스터 족들이 몰려오고 있었습니다.

"공격!"

사이언이 소리쳤습니다.

피그미 로봇들이 일제히 문스터를 향해 총을 쏘았습니다. 총에 맞은 문스터들은 아무렇지도 않은 듯 계속 몰려왔습니다. 피그미 로봇 몇 대는 문스터의 발에 휘감겨 고통스러워했습니다.

"총으로는 안 되겠어."

하니가 소리쳤습니다.

"우선 후퇴하고 다른 방법을 찾아야겠어."

사이언은 피그미 로봇에게 후퇴 명령을 내렸습니다. 알라딘 볼을 따라 피그미 로봇은 모두 성안으로 도망쳤습니다. 문스터들은 몇 대의 피그미 로봇을 포로로 잡은 뒤 돌아갔습니다.

성에 돌아온 사이언은 여왕과 대책을 의논했습니다.

"생각보다 문스터의 몸이 단단해요. 뭔가 다른 무기를 사용해야겠어요."

여왕은 머리를 쥐어짜 보았지만 별다른 작전이 떠오르지 않았습니다.

그날 밤 여왕과 사이언, 그리고 하니는 밤새도록 문스터 족을 물리칠 궁리를 했습니다. 어느덧 날이 밝았습니다.

다음 날 피스문 군대는 문스터 족을 공격하기로 결심했습니다.

"알라딘 볼! 문스터들이 어디에 모여 있지?"

사이언이 물었습니다. 알라딘 볼의 화면에 문스터들이 모여 있는 장소가 나타났습니다.

"3군데로 나뉘어 있어."

모니터를 바라보던 하니가 말했습니다.

"우선 데블 성의 문스터 족을 먼저 공격해야겠어."

사이언이 손가락으로 데블 성을 가리키며 말했습니다.

"거긴 데블 군주가 있어요."

여왕이 약간 놀란 눈으로 말했습니다.

"데블 군주가 누구죠?"

"바이스 박사의 총애를 받는 아주 교활한 로봇이랍니다. 데블 성은 성벽이 높고 3겹으로 되어 있어요. 성벽에는 고압 전류가 흐르기 때문에 성을 공격하기가 쉽지 않아요."

알라딘 볼이 다시 알아듣기 쉽도록 약간의 설명을 덧붙였습니다.

"도선에 건전지를 연결하면 전류가 흐르지요. 이때 건전지의 전압이 커질수록 흐르는 전류는 세어지는데, 높은 전압으로 강한 전류가 흐르는 것을 고압 전류라고 해요."

"알라딘 볼, 성의 사진을 보여 줘!"

잠시 뒤 성의 사진이 알라딘 볼의 얼굴에 나타났습니다.

"뚫기가 쉽지 않겠는걸! 혹시 데블 성에 약점이 있나요?"

사이언이 물었습니다.

"데블 성의 몬스터 족들은 자신들의 성은 누구도 들어오지 못할 것이라고 믿고 있어요. 그래서 그 성의 몬스터들은 다른 몬스터들보다 게으른 편이죠. 그래서인지 어두워지기만 하면 보초도 안 서고 일찍 자는 편이에요."

"밤을 이용하면 되겠군요."

"하지만 성안에 어떻게 들어가지요? 성벽을 올라가다가는 모두 감전되어 죽을 텐데요."

여왕이 걱정스럽게 말했습니다.

"감전이 뭐지요?"

하니가 궁금증에 가득 찬 알쏭달쏭한 표정을 지으며 물었습니다.

"응, 사람은 전기를 통하는 물질로 이루어져 있는데 사람의 몸에 전기가 흐르는 것을 감전이라고 하는 거야."

그날 밤 피스문의 군대는 데블 성 앞에 도착했습니다. 어두운 밤이라 몬스터들은 피스문의 침입을 전혀 눈치채지 못했습니다.

"알라딘 볼, 성안에 그네 10개를 만들고 와!"

사이언이 말했습니다.

"알았어."

알라딘 볼은 통통 튀어 3개의 성벽을 넘어갔습니다. 그러고는 성안에 커다란 그네 10개를 만들었습니다. 피스문 군대는 동이 틀 때까지 성벽 밖에서 진을 쳤습니다.

다음 날 해가 솟아올랐습니다. 문스터들이 잠에서 깨어나 성안에 있는 10개의 그네를 보고 깜짝 놀랐습니다.

"이게 뭐지?"

한 문스터가 그네를 만지면서 말했습니다.

"글쎄, 처음 보는 물건이야."

다른 문스터가 대답했습니다.

그때 문스터 1대가 그네에 올라타자 다른 문스터가 그네를 밀었습니다. 그네는 높은 곳까지 올라갔다 내려왔다를 반복했습니다.

"너무 재밌어. 데블 군주님이 놀이 기구를 만들어 주신 것 같아."

그네를 타고 있던 문스터가 소리쳤습니다.

다른 문스터들도 나머지 그네에 올라탔습니다. 모두들 신이 난 표정이었습니다.

한편 알라딘 볼의 얼굴을 통해 문스터들이 그네를 타고 있는 모습을 보고 있던 사이언이 말했습니다.

"이제 총공격이다."

"하지만 성벽을 넘을 수 있는 건 알라딘 볼뿐이잖아?"

하니가 말했습니다.

"알라딘 볼, 공격해!"

사이언의 말이 끝나자 알라딘 볼의 머리가 열리고 9개의 조그만 볼들이 튀어나왔습니다. 튀어나온 볼들은 점점 커지더니 모두 알라딘 볼과 같은 모습으로 변했습니다.

사이언과 하니, 피그미 로봇들이 여러 개의 알라딘 볼에 나눠 탔습니다. 알라딘 볼들은 비스듬히 위로 올라가더니 3개의 성벽을 차례로 넘어 성안으로 들어갔습니다.

"어떻게 성벽과 안 부딪힌 거지?"

하니가 물었습니다.

"알라딘 볼은 3개의 성벽을 넘어가는 곡선을 그린 거야. 그리고 그런 곡선으로 날아가게 하는 각도와 속력을 계산한 거지. 간단한 물리학을 이용한 것뿐이야."

사이언이 설명했습니다.

알라딘 볼들을 발견한 문스터들은 그네 위에서 당황하며 그네를 멈추어 보려고 했지만 소용이 없었습니다.

"그네는 멈춰지지 않을걸!"

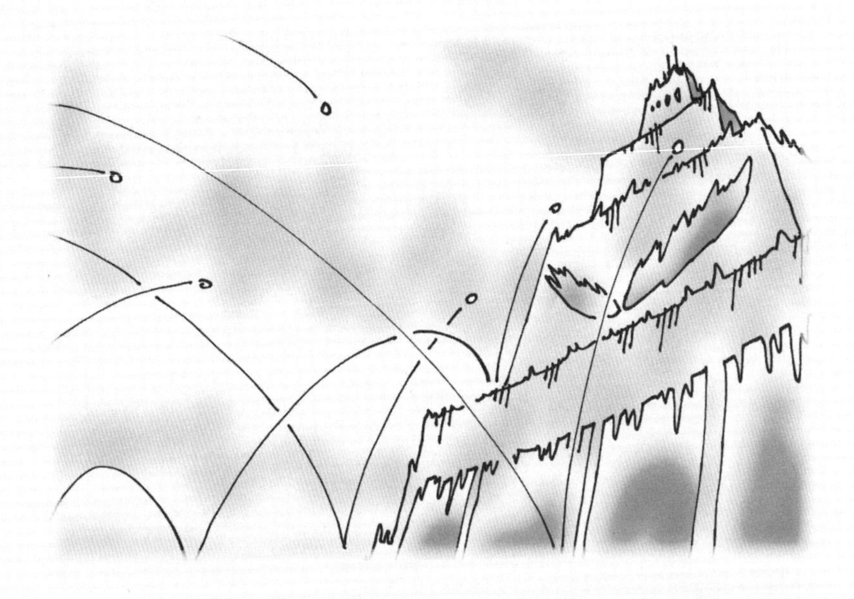

사이언이 껄껄 웃으면서 말하자, 하니가 또 다시 원리가 궁금해서 못 참겠다는 표정으로 사이언을 보았습니다. 눈빛만 봐도 하니의 마음을 아는 사이언은 하니에게 상세히 설명해 주었습니다.

"지구에서 그네가 멈추는 건 공기의 저항 때문이야. 저항 때문에 그네가 에너지를 잃어버려 결국 멈추게 되는 것이지. 하지만 달에는 공기가 없기 때문에 그네의 에너지가 줄어들지 않아. 그래서 그네가 영원히 같은 높이까지 올라가게 되는 거야. 알겠지?"

"알라딘 볼, 종이 폭탄 발사!"

사이언이 소리쳤습니다.

순간 10개나 되는 알라딘의 입이 종이가 튀어나오는 복사기의 출구처럼 변하더니 수십 장의 복사지가 그네를 타고 있는 문스터들을 향해 날아갔습니다. 종이에 맞은 문스터들은 다리가 모두 잘려 나갔습니다. 그러고는 그 자리에서 모두 죽어 버렸습니다.

"우리가 이겼어."

사이언과 하니는 동시에 소리쳤습니다. 피그미 로봇들도 매우 기뻐했습니다.

"달에는 공기가 없기 때문에 공기의 저항도 없어. 그래서 종이도 아주 빠르게 날아가는 거야. 지구에서는 공기 저항 때문에 종이가 에너지를 잃어서 천천히 펄럭이면서 날아가게 되는 거지."

사이언이 종이 폭탄의 원리에 대해서 자세하게 설명해 주었습니다.

"무서운 종이군."

하니는 종이 폭탄의 위력에 매우 놀란 표정을 지었습니다. 종이 폭탄과 멈추지 않는 그네를 이용한 피스문의 군대는 두 번째 전투를 승리로 이끌었습니다.

데블 성이 무너지자 바이스 박사는 문스터들에게 그네를

타지 못하게 했습니다.

그러고는 테러 왕국의 임포텐 장군에게 문스터를 지휘하여 피스문 왕국을 함락시키라는 명령을 내렸습니다.

문스터가 대대적으로 침공한다는 소문이 퍼지자 사이언은 여왕과 대책 회의를 가졌습니다.

"이번에 쳐들어오는 문스터 족은 지난번 데블 성의 문스터보다 기능이 업그레이드되었다고 합니다. 무슨 대책이 있나요?"

여왕은 약간 두려워하는 표정으로 말했습니다.

"우선 우리가 평화 랜드로 가서 적군을 물리치겠습니다."

사이언은 군대를 소집하여 평화 랜드로 갔습니다. 평화 랜드는 달에서 가장 큰 평원입니다. 두 나라의 군대는 거대한 평원을 마주 보고 서로 대치하고 있었습니다.

그때 사이언이 알라딘 볼을 불러 귓속말로 속삭였습니다.

"무슨 말을 하는 거야?"

하니가 두 사람의 말을 엿들으려고 했습니다.

"우리끼리 하는 얘기야."

사이언이 아무 일도 아니라는 듯이 말했습니다.

"칫! 자기들끼리만 얘기하고……."

하니가 입을 삐죽거렸습니다.

"하니야, 알라딘 볼과 함께 군사 일부를 데리고 마젤란 협곡 위로 가 있어!"

"거긴 왜?"

"이유는 나중에 알려 줄게."

알라딘 볼은 멀티플리케이션(똑같은 것을 여러 개 만드는 것)을 이용하여 수십 개의 알라딘 볼을 만들었습니다. 하니는 그중 하나를 타고 약간의 군사와 함께 마젤란 협곡으로 갔습니다. 이 모습을 본 문스터들은 피스문 군대 일부가 도망치는 것으로 생각했습니다.

문스터들이 일제히 앞으로 걸어 나왔습니다. 사이언은 알라딘 볼들에게 종이 폭탄을 날리게 했습니다. 알라딘 볼의 얼굴에서 수십 장의 종이들이 문스터들을 향해 날아갔습니다.

하지만 이번에는 종이 폭탄들이 무용지물이 되었습니다. 문스터들이 종이 폭탄에 대해 철저하게 대비했기 때문입니다.

문스터들의 다리 8개 중 6개가 호스 형태로 변하더니 산소 기체를 뿌렸습니다. 동시에 문스터의 입에서 불길이 솟아 나와 종이 폭탄을 공중에서 모두 태워 버렸습니다. 달에는 산소가 없어서 물질이 타지 않지만 산소를 공급하면 물질을 태울 수 있기 때문입니다.

"큰일이군! 종이 폭탄이 쓸모없게 되었어."

사이언의 얼굴이 파래졌습니다. 하는 수 없이 사이언은 후퇴 명령을 내렸습니다. 피스문의 군대는 쫓아오는 문스터들을 피해 하니가 먼저 가 있는 마젤란 협곡 위로 올라갔습니다.

마젤란 협곡은 폭이 아주 좁은 골짜기 사이에 난 좁은 길이었습니다. 이곳은 커다란 바위들이 놓여 있어 덩치가 큰 문스터가 걷기에는 불편했습니다.

여러 개의 알라딘 볼의 머리 뚜껑이 열리더니 프로펠러가 나타났습니다. 피스문의 군대를 태운 알라딘 볼은 마젤란 협곡으로 날아갔습니다. 문스터들도 날개를 펼치더니 피스문

의 군대를 뒤따랐습니다.

마젤란 협곡에서 추격전이 시작되었습니다. 하지만 알라딘 볼이 조금 더 빨라 둘 사이의 차이는 점점 더 벌어지고 있었습니다.

마지막 알라딘 볼에는 사이언이 타고 있었습니다. 그때 협곡 위에 있던 알라딘 볼이 사이언에게 크게 외쳤습니다.

"사이언, 빨리 빠져나와! 시간이 다 됐어."

"알라딘 볼, 터보 스피드 비행!"

사이언이 소리치자 프로펠러는 사라지고 알라딘 볼의 두 귀가 날개로 변하더니 엄청난 속도로 날기 시작했습니다.

마지막 알라딘 볼이 협곡을 빠져나올 즈음 임포텐 장군이 이끄는 문스터 족들은 모두 협곡 안에서 비행 중이었습니다.

그때 거대한 운석들이 아주 빠르게 협곡을 향해 떨어져 내렸습니다. 문스터들은 운석을 보았지만 그때는 이미 운석과의 충돌을 피하기에는 너무 늦어 버렸습니다. 수많은 운석들이 마젤란 협곡에 떨어져 내리고 문스터들은 운석들에 깔려 죽었습니다.

"또 이겼어. 운석이 도와줬어."

하니가 신이 나서 말했습니다.

"사이언, 아까 알라딘 볼하고 무슨 얘길 한 거지?"

하니가 다시 물었습니다.

"운석 작전을 쓰자고 했어."

"운석이 떨어질 걸 미리 알았다는 거야?"

"물론!"

"어떻게 알았지?"

"운석은 작은 소행성들이야. 화성과 목성 사이에 많이 몰려 있지. 소행성들 중에는 지름이 수천 km나 되는 것도 있고, 이번에 떨어진 것처럼 길이가 몇 m 정도로 작은 것도 있어. 이런 소행성들은 행성이나 위성에 너무 가까이 다가가면 큰 중력을 받아 도망치지 못하고 행성이나 위성에 떨어지게 되거든. 알라딘 볼은 태양계의 모든 소행성들에 대한 정보를 가지고 있어. 그러니까 어떤 소행성이 언제, 어디에 있을지를 알 수 있지. 그러던 중 길이가 수 m인 작은 소행성 떼가 달을 향해 오고 있다는 것을 알게 되었지. 그리고 중앙 컴퓨터로 궤도를 계산한 결과, 이 소행성 떼가 마젤란 협곡에 떨어진다는 것을 알게 된 거야. 그래서 문스터들을 소행성 떼가 떨어질 즈음 협곡으로 유인했지."

"대단한 작전이야."

하니는 사이언이 존경스러웠습니다.

이렇게 하여 피스문의 군대는 임포텐 장군이 이끄는 문스터 족들을 물리쳤습니다. 사이언의 활약으로 테러 성을 제외한 모든 문스터들이 섬멸된 것입니다.

이제 세라 공주를 구출하기 위해 피스문의 군대는 테러 성을 공격하기로 했습니다. 여왕과 사이언이 선두에 선 피스문의 군대는 테러 성을 향해 진군했습니다.

문스터들은 테러 성의 문을 굳게 닫고 폭군 바이스 박사를 보호했습니다. 피스문의 군대는 테러 성 앞에 진을 쳤습니다.

"테러 성의 문스터들을 조심해야 해요."

여왕이 말했습니다.

"뭐가 다른가요?"

사이언은 눈을 반짝이며 물었습니다.

"바이스 박사는 문스터들을 끊임없이 업그레이드했어요. 특히 테러 성을 지키는 문스터들은 가장 업그레이드된 문스터로 용맹할 뿐만 아니라 다른 문스터들이 가지고 있지 않은 특수한 기능을 가지고 있는 걸로 알려져 있어요."

"어떤 기능이죠?"

"자세한 건 저도 몰라요. 그런 소문이 돌고 있다는 것밖에는……."

여왕은 약간 불안한 표정으로 말했습니다.

"사이언, 저길 봐!"

하니가 하늘을 가리키며 말했습니다. 하늘에는 10마리의 문스터들이 손에 손을 잡고 동그라미를 만든 채 피스문의 진지를 향해 날아왔습니다. 꼭 커다란 도넛 모양 같았습니다.

문스터들의 갑작스러운 공격에 사이언과 하니는 여왕과 함께 알라딘 볼의 입안으로 피했습니다. 공중에서 빙글빙글 돌던 문스터들이 피그미 로봇들이 모여 있는 곳까지 가까이 다가왔습니다. 놀란 피그미 로봇들이 여기저기로 도망쳤습니다.

순간 믿을 수 없는 일이 벌어졌습니다. 피그미 로봇들이 모두 공중으로 올라가는 것이었습니다. 그러고는 빙글빙글 도는 문스터에 달라붙어 버렸습니다.

“어떻게 피그미가 하늘로 올라간 거지?”

하니는 놀란 표정으로 물었습니다.

“저 문스터들은 자석들이야. 10마리의 자석 문스터들이 원을 만들어 거대한 원형 자석을 만든 거야. 피그미 로봇은 철로 만들어져 있어 자석에 달라붙은 거지.”

사이언이 설명해 주었습니다.

“자석에는 철로 만든 물체가 달라붙는데, 이때 자석이 물체를 잡아당기는 힘을 자기력이라고 불러.”

그때 피그미 로봇들을 몸에 붙인 문스터들이 갑자기 빙글빙글 돌면서 테러 성안으로 들어갔습니다. 졸지에 피그미 로봇들은 포로가 되어 버렸습니다.

“이제 우리밖에 없어.”

하니가 울먹거리면서 말했습니다.

“어떡하죠? 군대가 없어서.”

여왕도 근심에 잠겼습니다.

“우리라도 싸워야죠! 세라 공주와 피그미 로봇을 구출해야 하니까. 알라딘 볼, 전기 에너지가 어느 정도 있지?”

사이언이 알라딘 볼에게 물었습니다.

“별로 없어.”

알라딘 볼이 대답했습니다.

"알라딘 볼! 감마선 광전판을 올려!"

"오케이!"

알라딘 볼의 머리 위에서 기다란 기둥이 올라가기 시작했습니다. 그리고 높이 올라간 기둥의 끝에는 반짝거리는 거대한 판이 만들어졌습니다.

"저 큰 널빤지는 뭐지?"

하니가 물었습니다.

"태양에서 오는 감마선을 모으는 광전판이야."

사이언이 설명했습니다.

"광전판?"

"감마선은 우리 눈에 보이는 빛보다 에너지가 아주 큰 빛

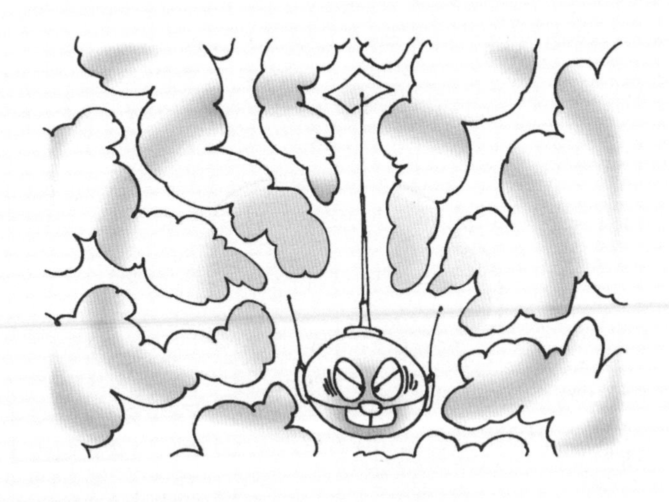

이야. 저 판은 그 빛을 많이 모으는 역할을 하지. 저렇게 모은 감마선으로 강한 전기를 만들어 낼 수 있거든."

사이언이 설명하는 사이에 알라딘 볼의 몸에서 전기 불꽃이 일어나고 있었습니다. 하니는 알라딘 볼의 몸을 만져 보려고 했습니다.

"하니, 지금 만지면 죽어!"

사이언이 외치는 소리에 하니는 알라딘 볼에게서 급히 물러섰습니다.

"왜 죽지?"

"지금 알라딘 볼은 아주 높은 전압 상태야. 그러니까 번개 수십 개를 합친 정도이지. 이럴 때 알라딘 볼을 만지면 엄청난 전기가 몸에 흐르게 된단 말이야."

사이언의 설명에 하니의 얼굴이 새파랗게 변했습니다.

"문스터들이 다시 왔어."

하니가 소리쳤습니다. 피그미 로봇을 성안에 데려다 놓은 문스터들이 알라딘 볼을 공격하기 위해 다시 원을 그리며 다가왔습니다. 그들의 눈에서는 레이저 빔이 나오고 있었습니다. 하니와 사이언과 여왕은 레이저 빔을 피해 옆으로 나뒹굴었습니다.

"알라딘 볼! 이제 공격해!"

사이언이 소리치자 알라딘 볼이 공중으로 날아올라 문스터들이 만든 원 안으로 들어갔습니다. 알라딘 볼의 두 귀가 길게 늘어나서 전선 모양으로 변해 동그라미를 그린 문스터들을 붙잡았습니다. 순간 알라딘 볼의 높은 전압이 만들어 낸 강한 전류가 문스터들의 몸으로 흘러들어 갔습니다.

문스터들은 강한 전류 때문에 기계 고장을 일으켜 모두 바닥으로 떨어졌습니다.

"알라딘 볼, 잘했어!"

사이언이 소리쳤습니다.

"대단한 로봇이군요."

여왕이 미소를 지으며 말했습니다.

이제 달에는 1대의 문스터도 남지 않았습니다. 알라딘 볼에게 모두 섬멸되었기 때문이지요. 사이언과 하니, 그리고 여왕은 알라딘 볼을 타고 테러 성의 성벽을 뛰어넘었습니다.

성안에는 바이스 박사가 두려움에 부들부들 떨고 있었습니다. 사이언이 지휘한 피스문 군대가 승리한 것입니다. 사이언은 성안에 들어가 밧줄에 묶여 있는 세라 공주를 풀어 주었습니다.

"엄마!"

세라 공주가 여왕을 보고 울먹였습니다.

"세라야!"

여왕은 세라 공주를 안아 주었습니다.

이제 달은 착한 피스문 왕국의 세상이 되었습니다.

과학자 소개

인류 최초로 달에 발을 디딘 암스트롱Neil Alden Armstrong, 1930~2012

암스트롱은 미국 오하이오에서 태어났습니다. 어릴 적부터 하늘을 날고 싶어했던 암스트롱은 비행 교습비를 벌기 위해 아르바이트도 마다하지 않았습니다.

1947년 비행 면허증을 딴 암스트롱은 퍼듀 대학교에서 항공 공학을 공부하였습니다. 그리고 2년 후 해군에 들어가 한국에 전투기 조종사로 파견되었습니다. 이때의 공로로 훈장을 3개나 받았습니다.

암스트롱은 한국에서의 파견 근무를 마친 후 다시 퍼듀 대학교로 돌아와 학업을 계속하였습니다. 암스트롱은 1955년 학사 학위를 받고 미국항공자문위원회(NACA)의 민간인 연구 조종사로 근무하였습니다. 그러다 NACA가 NASA(미국항공우주국)로 바뀌면서 암스트롱은 우주 탐험을 위해 개발 중이던 초고속 비행기를 조종하게 되었습니다.

시험 조종사가 된 지 7년 후, 암스트롱은 우주 비행사 훈련 프로그램에 지원하여 1966년 처음 우주로 나가게 됩니다. 암스트롱은 제미니 8호와 아제나 위성을 수동으로 도킹하는 실험을 성공적으로 완수하였습니다.

1969년 암스트롱은 아폴로 11호의 선장으로 달을 향해 떠나게 됩니다. 1969년 7월 20일, 암스트롱은 달 표면에 최초로 발자국을 남긴 후 “이것은 한 인간에 있어서는 작은 한 걸음이지만, 인류 전체에 있어서는 위대한 약진이다”라고 첫 소감을 말하였습니다.

과학 연대표

언제, 무슨 일이?

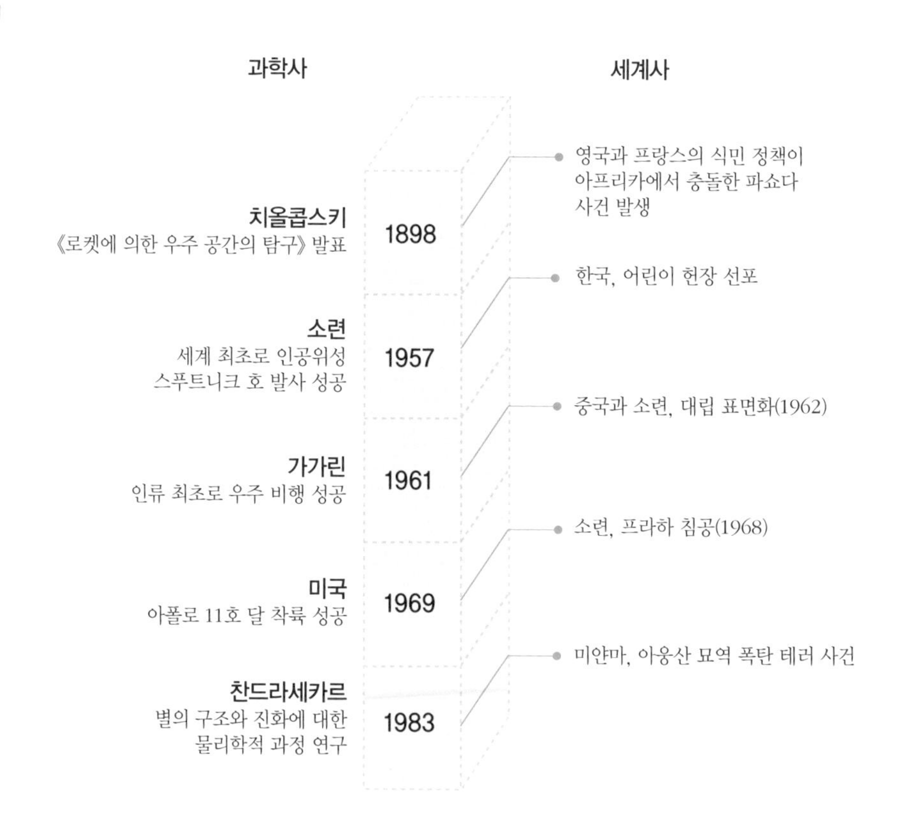

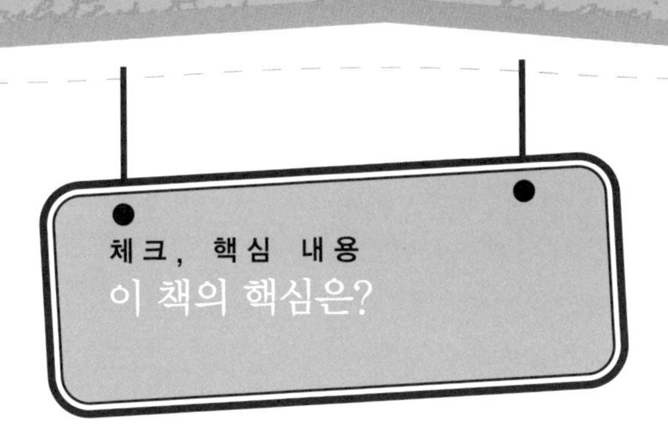

1. □□은 스스로 빛을 내는 천체입니다.
2. 달을 망원경으로 최초로 관측한 과학자는 □□□□로, 그는 달을 최초로 관측해 달 표면에 밝은 부분과 어두운 부분이 있다는 것을 알아냈습니다.
3. 달의 자전 주기는 달의 □□ □□와 정확히 같습니다.
4. 지구가 햇빛을 모두 가리면 달이 완전히 보이지 않는데 이러한 현상을 □□ □□이라고 하고, 지구가 일부분만 가려 달의 일부분이 보이지 않는 현상을 □□ □□이라고 합니다.
5. 달에는 □□가 없으므로 소리를 들을 수 없습니다.
6. 달이 운석과 충돌하여 생긴 구덩이를 □□□□라고 부릅니다.
7. 1969년 인류 최초로 달에 착륙한 암스트롱이 타고 간 우주선은 □□□ □□□였습니다.

1. 항성 2. 갈릴레이 3. 공전 주기 4. 개기 월식, 부분 월식 5. 공기 6. 크레이터 7. 아폴로 11호

이슈, 현대 과학

2020년 미국의 달 탐험

인류가 최초로 달에 착륙한 것은 1969년 아폴로 11호입니다. 그 후 수차례 달에 사람이 착륙했지만 예산 문제로 유인 달 탐사는 오랫동안 중단되었습니다. 그런데 최근 미국우주항공국(NASA)은 2020년에 유인 우주선을 달에 쏘아 올릴 계획을 세우고 있습니다. 이 계획은 별자리 계획이라고 부르며 로켓의 이름은 아레스, 우주선의 이름은 오리온, 달 착륙선의 이름은 알타이르입니다. 알타이르는 독수리자리에서 가장 밝은 별의 이름이지요.

2020년 달 탐사 계획은 아폴로 계획과 차이가 있습니다. 가장 큰 차이는 사람이 탄 우주선과 화물을 실은 착륙선을 각각 다른 로켓에 싣고 가는 점입니다. 안전 문제 때문에 이렇게 분리한 것이지요.

우주선과 달 착륙선은 지구 궤도에서 만나 달을 향해 출발

하고 달에 가는 동안 우주인들은 오리온 우주선에서 생활합니다. 이 우주선은 아폴로 우주선보다 2.5배 넓기 때문에 4명의 우주인들은 과거보다 더 편안하게 지낼 수 있지요. 과거 아폴로 우주선은 3명의 우주인 중 2명만이 달에 착륙했으나, 이 계획에서는 4명의 우주인 모두 달에 착륙합니다. 달에서 며칠 동안의 탐사를 마치고 돌아오기 위해서는 더 많은 연료가 필요하기 때문에 달 착륙선의 크기도 아폴로 계획 때보다 훨씬 커지게 됩니다.

2020년 달 탐사 계획에서 우주인들은 인간이 6개월 정도 머물 수 있는 달 기지를 건설하는 일을 수행할 예정입니다. 달 기지의 모양은 도넛 모양이나 긴 원통 모양이 될 것으로 예상되고 있습니다.

달 탐험차도 아폴로 때와 달리 지붕이 있어 우주복을 입지 않고도 2명의 우주인이 달 탐험차에서 2주 동안 생활할 수 있습니다.

지구에 돌아올 때도 바다에 착륙한 아폴로 호와 달리 낙하산과 에어백을 이용해 지상에 착륙할 예정이라고 합니다.

찾아보기

어디에 어떤 내용이?